近代经济生活系列

农业改进史话

A Brief History of
Agricultural Improvement in China

章 楷／著

社会科学文献出版社
SOCIAL SCIENCES ACADEMIC PRESS (CHINA)

图书在版编目(CIP)数据

农业改进史话/章楷著.—北京:社会科学文献出版社,2012.1(2015.1重印)
(中国史话)
ISBN 978 - 7 - 5097 - 1630 - 4

Ⅰ.①农… Ⅱ.①章… Ⅲ.①农业史 - 中国
Ⅳ.①S - 092

中国版本图书馆 CIP 数据核字(2011)第 111336 号

"十二五"国家重点出版规划项目

中国史话·近代经济生活系列

农业改进史话

著　　者/章　楷

出 版 人/谢寿光
出 版 者/社会科学文献出版社
地　　址/北京市西城区北三环中路甲 29 号院 3 号楼华龙大厦
邮政编码/100029

责任部门/人文分社 (010) 59367215
电子信箱/renwen@ssap.cn
责任编辑/赵子光　赵　亦
责任校对/刘宏桥
责任印制/岳　阳
经　　销/社会科学文献出版社市场营销中心
　　　　　 (010) 59367081　59367090
读者服务/读者服务中心 (010) 59367028

印　　装/三河市尚艺印装有限公司
开　　本/889mm×1194mm　1/32　印张/5.75
版　　次/2012 年 1 月第 1 版　字数/113 千字
印　　次/2015 年 1 月第 3 次印刷
书　　号/ISBN 978 - 7 - 5097 - 1630 - 4
定　　价/15.00 元

总　序

　　中国是一个有着悠久文化历史的古老国度，从传说中的三皇五帝到中华人民共和国的建立，生活在这片土地上的人们从来都没有停止过探寻、创造的脚步。长沙马王堆出土的轻若烟雾、薄如蝉翼的素纱衣向世人昭示着古人在丝绸纺织、制作方面所达到的高度；敦煌莫高窟近五百个洞窟中的两千多尊彩塑雕像和大量的彩绘壁画又向世人显示了古人在雕塑和绘画方面所取得的成绩；还有青铜器、唐三彩、园林建筑、宫殿建筑，以及书法、诗歌、茶道、中医等物质与非物质文化遗产，它们无不向世人展示了中华五千年文化的灿烂与辉煌，展示了中国这一古老国度的魅力与绚烂。这是一份宝贵的遗产，值得我们每一位炎黄子孙珍视。

　　历史不会永远眷顾任何一个民族或一个国家，当世界进入近代之时，曾经一千多年雄踞世界发展高峰的古老中国，从巅峰跌落。1840 年鸦片战争的炮声打破了清帝国"天朝上国"的迷梦，从此中国沦为被列强宰割的羔羊。一个个不平等条约的签订，不仅使中国大量的白银外流，更使中国的领土一步步被列强侵占，国库亏空，民不聊生。东方古国曾经拥有的辉煌，也随着西方列强坚船利炮的轰击而烟消云散，中国一步步堕入了半殖民地的深渊。不甘屈服的中国人民也由此开始了救国救民、富国图强的抗争之路。从洋务运动到维新变法，从太平天国到辛亥革命，从五四运动到中国共产党领导的新民主主义革命，中国人民屡败屡战，终于认识到了"只有社会主义才能救中国，只有社会主义才能发展中国"这一道理。中国共产党领导中国人民推倒三座大山，建立了新中国，从此饱受屈辱与蹂躏的中国人民站起来了。古老的中国焕发出新的生机与活力，摆脱了任人宰割与欺侮的历史，屹立于世界民族之林。每一位中华儿女应当了解中华民族数千年的文明史，也应当牢记鸦片战争以来一百多年民族屈辱的历史。

当我们步入全球化大潮的 21 世纪，信息技术革命迅猛发展，地区之间的交流壁垒被互联网之类的新兴交流工具所打破，世界的多元性展示在世人面前。世界上任何一个区域都不可避免地存在着两种以上文化的交汇与碰撞，但不可否认的是，近些年来，随着市场经济的大潮，西方文化扑面而来，有些人唯西方为时尚，把民族的传统丢在一边。大批年轻人甚至比西方人还热衷于圣诞节、情人节与洋快餐，对我国各民族的重大节日以及中国历史的基本知识却茫然无知，这是中华民族实现复兴大业中的重大忧患。

中国之所以为中国，中华民族之所以历数千年而不分离，根基就在于五千年来一脉相传的中华文明。如果丢弃了千百年来一脉相承的文化，任凭外来文化随意浸染，很难设想13亿中国人到哪里去寻找民族向心力和凝聚力。在推进社会主义现代化、实现民族复兴的伟大事业中，大力弘扬优秀的中华民族文化和民族精神，弘扬中华文化的爱国主义传统和民族自尊意识，在建设中国特色社会主义的进程中，构建具有中国特色的文化价值体系，光大中华民族的优秀传统文化是一件任重而道远的事业。

当前，我国进入了经济体制深刻变革、社会结构深刻变动、利益格局深刻调整、思想观念深刻变化的新的历史时期。面对新的历史任务和来自各方的新挑战，全党和全国人民都需要学习和把握社会主义核心价值体系，进一步形成全社会共同的理想信念和道德规范，打牢全党全国各族人民团结奋斗的思想道德基础，形成全民族奋发向上的精神力量，这是我们建设社会主义和谐社会的思想保证。中国社会科学院作为国家社会科学研究的机构，有责任为此作出贡献。我们在编写出版《中华文明史话》与《百年中国史话》的基础上，组织院内外各研究领域的专家，融合近年来的最新研究，编辑出版大型历史知识系列丛书——《中国史话》，其目的就在于为广大人民群众尤其是青少年提供一套较为完整、准确地介绍中国历史和传统文化的普及类系列丛书，从而使生活在信息时代的人们尤其是青少年能够了解自己祖先的历史，在东西南北文化的交流中由知己到知彼，善于取人之长补己之短，在中国与世界各国愈来愈深的文化交融中，保持自己的本色与特色，将中华民族自强不息、厚德载物的精神永远发扬下去。

《中国史话》系列丛书首批计 200 种，每种 10 万字左右，主要从政治、经济、文化、军事、哲学、艺术、科技、饮食、服饰、交通、建筑等各个方面介绍了从古至今数千年来中华文明发展和变迁的历史。这些历史不仅展现了中华五千年文化的辉煌，展现了先民的智慧与创造精神，而且展现了中国人民的不屈与抗争精神。我们衷心地希望这套普及历史知识的丛书对广大人民群众进一步了解中华民族的优秀文化传统，增强民族自尊心和自豪感发挥应有的作用，鼓舞广大人民群众特别是新一代的劳动者和建设者在建设中国特色社会主义的道路上不断阔步前进，为我们祖国美好的未来贡献更大的力量。

陈奎元

2011 年 4 月

目　录

　　19 世纪中叶以前，中国农民常用祖辈相传的老方法种田，所以我们称这为"传统农业"。传统农业的种田方法，农民知其然而不知其所以然，知道怎样做，但说不清楚这样做的科学道理。不过传统农业的种田方法，大都是经过长期生产实践积累起来的，基本上与科学道理暗合。

　　大约在 16 世纪以前，东西洋各国也都凭经验种田，比较起来，中国农业居于世界先进地位。16 世纪以后，随着自然科学的日益昌明，泰西一些国家把自然科学运用到农业生产中来，于是他们的种田方法在有些方面便超过了中国。东邻日本效法泰西，在学习西方先进的农业科学技术方面先中国一步。19 世纪后期，中国的有识之士也指出：东西洋各国的农业技术有些方面比我国传统的农业技术更合理，故应该取法他们，把其先进的农业科学知识用到我们的农业生产中来。孙中山 1894 年在《上李鸿章书》中说到振兴农务时指出：应该"广我故规，参行新法"，也就是说要推广传统农业中有价值的部分，同时采用东西洋的先进技术。要学习采用东西洋先进的种田技术，首先必须兴办农业教育，所以他呼吁"宜急兴农学，讲求树畜"。

实际上，在兴办农业教育之前，中国已编译出版《农学报》和《农学丛书》，开始传播西洋农业科学知识。

一 从农学会说起

 农学会的创立

提到《农学报》和《农学丛书》就必须从"农学会"说起。

1895 年，孙中山由檀香山回到广州。他在广州一面筹划反清的革命活动，一面打算在广州成立农学会。他计划中的农学会，主要任务是创办农业教育，编译农桑新书，讲求作物栽培方法，筹集资金开垦荒地等。他在报纸上刊登《拟创立农学会书》，征求会员。但在这篇征求会员的文章登出不过几天，他便因反清武装起义失败而被迫逃亡日本。以后他长期在海外奔走革命，再没有机会回到国内来组织农学会。

孙中山创立农学会虽然没有成功，但一年后罗振玉等却在上海创立了农学会。罗振玉字叔言，祖籍浙江上虞，出生于江苏淮安，在淮安长大。初有维新思想。1896 年来到上海，便和吴县人蒋黼等发起成立农学会，得到维新人士谭嗣同、梁启超等人的赞助，也得到两江总督刘坤一等人的支持。

农学会又称"务农会",稍后其他地方也开始成立农学会。上海的这个农学会有时便称"上海农学会"或"江南农学会",以与其他地方的农学会相区别。据梁启超的解释,"学会"就是士大夫集会起来的组织。上海农学会的会员当然也都是士大夫。据罗振玉说,当时的士大夫"多浮华少实,顾过沪时无不署名于农社以去"。这里说的"农社"就是指上海农学会。看来当时农学会的会员大多只是在会中挂个名而已。真正参加会务活动的只有罗振玉等很少的一些人。

罗振玉等成立农学会之初,曾想开展一系列工作,如编译出版农业书刊、兴办农业学堂、发售各种农业生产物资如种子、肥料、农具和杀虫药剂等。办事要有经费,为了积集一笔经费,该会曾计划在上海市郊开辟荒地作为农学会的公产,栽培某些作物,以其所得作为农学会的基金。这一计划经过试行,结果失败。以后该会便集中力量只做编译出版农业书刊一件事。

梁启超在一篇介绍农学会的文章中说:农学会"志愿宏大,条理万端,经费绵薄,未克具举。既念发端经始,在广开风气,维新耳目,译书印报,实为权舆"。这是说上海农学会创办之初,只从译书印报做起,其他想做的事情,因限于经费,不能一一实行。该会后来做出成绩的,也就只有译书和印报两件事。其他各项,有的试行失败而作罢;有的只是设想,根本没有动手进行。事实上,当时士大夫最擅长的也就是译书、印报等工作。"译书"就是编译"《农学丛书》","印报"就是出版《农学报》。

《农学报》及《农学丛书》

《农学报》创刊于 1897 年 4 月，初为半月刊，1898 年起改为旬刊，至 1906 年停刊，前后出报 315 期，是中国最早的农业定期刊物。《农学报》的内容大体分两类：一类是各级地方官员关于农业方面的奏折、公牍、规划，以及各地农政消息和农学会的工作报导；另一类是从东西洋农业报刊上翻译的文章。从 1900 年起，《农学报》中不再登载农政消息和农学会工作报导，大概从这年起农学会以编译书刊为唯一工作，不再从事其他活动了。

《农学丛书》的内容很庞杂，包括农业各学科，都是从外国农业书籍上翻译过来的；有 10 万余字的长篇，也有一二千字的节译短文，其中大部分是从日本农业书籍上译来的；同时也翻印了若干中国古农书。这表明罗振玉等既要引进国外的农业科学知识，对本国的传统农业也不偏废。《农学丛书》先后出版 7 集约 600 余万字。

农学会编译出版《农学报》和《农学丛书》，组成了一个班子，设理事二人，管理庶务的理事为蒋黼，负责编辑的理事为罗振玉。1898 年，蒋黼病故，庶务、笔政全由罗振玉一人承担。日文书的翻译以日本人藤田丰八为主，并由藤田培训了数名中国青年译员，著名学者王国维，就是当年藤田培养的译员之一。西文翻译似未聘专人，以外又雇用司账、抄写、杂役等数人，用人很少，他们的工作效率很高。

1900 年，罗振玉应湖广总督张之洞之邀去武汉，上海方面《农学报》编辑出版等大政方针仍由罗氏裁决，而译书印报的日常事务则由藤田负责。1906 年罗振玉到北京做官去了，上海译书印报的事情不能兼顾，《农学报》、《农学丛书》停刊，农学会也实际停止了活动。

上海农学会是中国最早专门翻译外国农业书刊的民间团体，它出版的《农学报》和《农学丛书》比较系统地向国人介绍了东西洋各国农业各学科的技术知识，虽然对当时的农业生产未产生影响，但使一些士大夫们读后扩展了眼界，大体知道了外国是怎样种田的，对这些人来说，确实起了耳目一新的作用。

1906 年，清廷推行所谓"新政"时，曾要求各地成立类似上海农学会的团体。直隶省（今河北省的一部分）便于 1907 年成立了"农务总会"，出版《农话报》，并先后编印了 10 多种农业方面的书籍。该省还要求所属各府、州、县设农务分会。1910 年，广东一省成立农务会 43 处，另有分会 18 处。其他一些省也先后成立农学会或农务会。但这些后起的农学会或农务会，存在的时间都很短，对中国农业的影响不大。

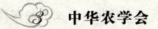 **中华农学会**

1917 年，中国出现了和上述农学会或农务会性质不同的新的农学会。新的农学会是由南京和苏州两所农业学校的两位校长和部分教师发起组织的。大概为

了避免和过去上海及其他一些地方农学会的名称相混淆，并表示它是全国性的学会，它在"农学会"一词前冠以"中华"二字，命名为"中华农学会"。1917年6月在上海举行成立大会，聘请实业家张謇为名誉会长。同年秋，留学日本攻读农学的中国学生在日本成立"中华产殖协会"。大约也在此时期，留美学农的中国学生在美国成立"留美中国农业会"。其性质都与中华农学会差不多。北京的农业科技工作者此时似亦有类似的团体。这些国内外的农学团体都先后并入中华农学会。

与清末各地农学会或农务会的会员构成不同，中华农学会的会员都是当时从事农业教育、农业科技以及农政、农经工作的人员。按照章程的规定，中华农学会有两种会员：一种是个人会员，一种是团体会员，前者为曾在农业学校毕业或在农业岗位上工作的人员，后者为与农业有关的机关团体。个人会员又有永久会员、名誉会员、赞助会员之分。该会经费来自团体会员和赞助会员的援助以及个人会员所缴纳的会费和捐款。也有并非团体会员的机关，由于某种原因而拨款资助的。

中华农学会的宗旨在于促进会员间联络感情和学术上的交流切磋。该会曾出版若干种农学书刊，最主要的是《中华农学会报》。《中华农学会报》有一段时间改名《中华农学会丛刊》。早期的《中华农学会报》的内容以一般文章或译著较多，后渐发表农业专题论文。计自1918年创刊起至1948年停刊止，前后30年，共出版会报 190 期，是新中国建立前持续出版时间最长的农业刊物。抗战时期，鉴于印刷困难，会报不能按期出版，而会友流动性大，乃于 1940 年 5 月起刊行《中华农学会通讯》，作为《中华农学会报》的辅助刊物，用以沟通会友消息，报导学术动态。至 1948 年 1 月止，前后共出版《中华农学会通讯》82 期。

中华农学会自 1917 年至 1942 年，26 年间共举行 25 次年会，没有间断。每届年会除了报告会务、选举理、监事外，宣读论文和学术讨论是年会的主要内容，对交流农业科研信息，促进农业科研试验起了重要作用。1943 年以后，因战时交通困难等原因，未能按期举行年会。抗战胜利后，1947 年在南京由 17 个农业学术团体联合举行年会。这是中华农学会成立以来最盛大的一次年会，也是该会最后一次年会。

中华农学会曾多次募集基金，设立昆虫、农经、土壤、棉作、林业等农学方面的奖金，奖给具有较高学术价值的农业科学论文的作者。这些奖金都以农学界知名人士命名，以纪念中国近代农学界中有贡献的专家、学者，同时也鼓励有志于农学的莘莘学子对农业科学的学习和研究。该会还帮助政府在农业建设中做了不少工作。例如帮助政府审定农业方面的科学名词和农业学校的课程标准，调查全国农业人才，代政府拟订全国农业改进计划，并随时向政府提出有关农业建设的建议，团结和促进会员为国家农业建设服务。

中华农学会的会所初设于南京，1923 年迁往苏州，一年后移至上海。1930 年又从上海迁回南京。抗战期间先到长沙，后转移到重庆，抗战胜利后回到南京，并在重庆、成都、上海、台北、广州及美国设立分会。

1917 年中华农学会成立时仅有会员 50 余人，会员的地区分布不出江苏、浙江二省。抗战前夕，会员增至 2700 余人，到抗战胜利时更增至 4300 余人。会员人数增加，反映出 30 多年来中国农业科技队伍的不断壮大。

二 农业教育的兴办和发展

 最早的高等农业教育

从 19 世纪 60 年代起的 20 多年中，中国各地仿效欧美的办法设立了一些外国语文、军事、路矿、师范等学堂，但独没有农业教育。最先提出要兴办农业教育的是洋务派中较后起的张之洞。

张之洞字孝达，直隶南皮县人，先后任两广、两江和湖广等总督。当时正是泰西科学知识东渐的时代。张之洞主张"旧学为体，新学为用"。他每到一地做官都创办一些旧式的书院和新式的学堂。1887 年他任两广总督时，曾在广州开办水陆师学堂，1889 年曾在水陆师学堂附设矿学、化学、电学、植物学、公法学五科，都从欧洲延聘教师。其中的"植物学"，实际上是作物栽培学，而不是一般所说的植物学。以后文献中未见有水陆师学堂附设五科的记载，大概这附设的五科不久都撤销了。不过据此看来，在 19 世纪 80 年代后期，张之洞已有兴办农业教育的思想。

1894 年，张之洞调到南京，署两江总督。到任后，他随即筹设"储才学堂"。该学堂分交涉、农政、工艺、商业四科；农政科分种植、水利、畜牧、农器四目。各科所用教师，他都请清廷出使大臣许景澄在德、法两国聘请。但筹建工作刚开始进行，张之洞又奉命回任湖广总督，储才学堂的筹建事宜，改由继任两江总督的刘坤一接续进行。不过刘坤一办的只是教授英、德、法、日语文的外国语文学堂，张之洞原来计划设立的交涉、农政、工艺、商务四科都没有办成。

张之洞调任湖广总督后，又着手在武昌（今武汉市的一部分）创办湖北农务学堂，设农、蚕二科，圈拨修筑江堤后涸出的官地 2000 亩为实习农场，招收 20 岁以下、14 岁以上有志讲求农学的官绅士庶子弟入学。首届招生 120 名，于 1898 年 8 月开学，学制为四年，不收学、宿、伙食等费用。学生入学须有官绅、殷商担保。在学习期间，"如不遵守约束，故犯堂规，或私自离堂"，都要向保人追缴伙食等费。这是中国最早的综合性农业学堂。

到 1903 年，清廷颁布《奏定学堂章程》。以后，包括农业学堂在内的各种学堂陆续在各地开办起来。据 1909 年统计，全国有初等农业学堂 59 所，学生 2272 人；中等农业学堂 31 所，学生 3226 人；高等农业学堂 5 所，学生 530 人。5 所高等农业学堂是：

直隶高等农业学堂。1902 年创办于保定，初名农务学堂。开办时设一年卒业的速成科和五年卒业的本科。1904 年，农务学堂改组为"直隶高等农业学堂"，设农、蚕二科。

京师大学堂农科。清政府于 1898 年创办全国最高学府的"京师大学堂",初无农科,1905 年京师大学堂成立分科大学,共分 8 科,其中一科为农科。农科最初只设农学及农艺化学二门。

山西高等农林学堂。1902 年,山西省创办农务学堂,1907 年改为"山西高等农林学堂"。

山东高等农林学堂。1905 年,山东省于济南成立"农桑会"。次年在农桑会基础上成立"山东农林学堂",设农、蚕、林三科。1910 年改称"山东高等农林学堂",将农科改为高等程度,蚕、林二科仍为中等程度。

江西高等农业学堂。1905 年,江西省创办实业学堂,内设农科。次年,在农科基础上成立"江西高等农业学堂"。

 民初的高等农业学校

辛亥革命后,"学堂"一律改称"学校",高等农业学堂改称"农业专门学校"。例如:直隶高等农业学堂改称"直隶公立农业专门学校"。有些学堂体制亦有改变,例如京师大学堂,辛亥革命后改称"北京大学"。1914 年,北京大学的农科脱离北京大学,成为独立的"北京公立农业专门学校"。又如山东高等农林学堂改称"山东公立农业专门学校",原来中等程度的林科改为高等程度,后又将蚕科亦改为高等程度,并增设高等制丝科。

　　民国初年的高等农业学校，除上述 5 所外，又增加了川、豫、粤、浙四省的农业专门学校。1906 年，四川省在成都创办"四川通省农政学堂"，1912 年改为"四川省高等农业学校"，1914 年改称"四川公立农业专门学校"。河南省亦于同年成立农业专门学校。广东省于 1909 年在广州东郊的省农事试验场内附设农林讲习所，到 1917 年改为"广东公立农业专门学校"，设农、林二科。浙江省于 1910 年在杭州开办"农业教员养成所"，以后学校名称和体制一再改变，到 1918 年，省议会决定将其改为"浙江公立农业专门学校"。这样，到 1918 年全国便共有 9 所农业专门学校。

　　此外，当时尚有几所综合性大学增设了农科。其中一所是美国教会在南京办的金陵大学（简称金大）。

　　金大原是一所没有农科的综合性大学，该校 1914 年增设农科，是出于该校教授、加拿大籍传教士斐义理（Joseph Bailie）的建议。当时斐义理一面在金大教书，一面联合苏、皖二省士绅组织"义农会"，在南京从事"以工代赈"活动。斐义理的这一活动曾得到孙中山、黄兴、蔡元培等人的赞助。1913 年，长江中下游大水成灾，义农会向政府申请拨用南京城郊的紫金山官荒 4000 亩，招集灾民，垦荒造林。在这项活动中，斐义理深感农林技术人员缺乏，乃于 1914 年发起并征得教会批准在金大增设农科，1915 年又增设林科。1916 年两科合并为农林科，学制四年。

　　1917 年，南京高等师范学校增设农业、工艺、商业等专修科，农业专修科学制三年。到 1920 年，农业、工艺、商业等专修科脱离南京高等师范而成立"东南大学"（简称"东大"），农业专修科成为东大的农科，学制改为四年。

1917年，美国教会在广州办的岭南大学增设农科班。到1922年，农科班升格为农科。

1903年清廷颁布的《奏定学堂章程》等法规，完全是参照日本的教育制度制定的，清末许多农业学堂又聘请日本人为教师，教学上一切措施自然以日本的一套为模式。金大与岭南大学是美国教会办的，学校体制自然都以美国为依据，聘用的教师也以美国人为多。东大农科也是留美回国的人士负责筹建的，教学上也主要依照美国，所以1914年金大增设农科，是中国农业教育体制从完全模仿日本转而取法美国的开始。自此以后的30多年中，美国模式在中国农业教育体制中居于主导地位。

这里有必要提及中、初等农业教育。清末举办农业教育，大体情况是省办高等及中等农业学堂，府办中等农业学堂，州、县办初等农业学堂。进入民国后，曾把清末的中等农业学堂改称甲种农业学校，把初等农业学堂改称乙种农业学校。据1909年统计，全国有中等农业学堂31所，初等农业学堂59所。1921年统计，全国有甲种农业学校79所，乙种农业学校308所。总的说，近代农业教育经费都不充裕，初等农业学校更为窘困，大多因陋就简。民初中、初等农业教育，尤其是初等农业教育中，蚕业学校占相当比重。

农业学校的师资和教材

农业学校有数、理、化、生物等自然科学的课程，更须讲授农业方面的课程。自然科学传入中国稍早，本世纪初兴办农业教育，自然科学课程的教师，在国内尚易延聘。农业科学传入较晚，早期创办农业学堂，所有专业课程的教师都必须从外国聘请。张之洞曾说，为了办好学堂，必须"博延外洋名师"。他在广东水陆师学堂附设植物学科的教师是从德国请来的，他筹建储才学堂时，曾电请清廷派驻欧洲使臣在德、法等国物色教师。他创办的湖北农务学堂，农科教师聘自美国，蚕科教师聘自日本。

日本效法西洋举办农业教育，比中国早走一步。19 世纪后期，日本的农业教育已办得较有成绩。日本距中国较近，从日本聘请教师比从欧美聘请费用较省。所以本世纪初，中国几所高等农业学堂专业课程教师几乎全从日本聘请。

聘用外国教师也有许多困难。因为语言不通，上课必须有译员任翻译。译员不但须充分掌握外国语言，对于所授课程也要具有一定知识，方能胜任。因此合格的译员也不易找到。清政府学部为解决师资问题，曾向各省提出："及早选派学生出洋，最为要义"。本世纪初，政府曾派学生去日本留学。例如 1903 年，京师大学堂曾派 31 人去日本留学，其中一人学农学，一人学农艺化学。1905 年，山东省派 24 人去日本学习，其中有 10 人攻读农学。同年清政府派 30 人去日本学农。

因为去欧美留学费用较高，所以去欧美攻读农学的人比去日本的少得多。1908 年美国决定退还部分庚子赔款，在北京开办"留美预备学堂"，于是去美国留学的渐渐多起来。从 1909 年起，中国开始选拔学生去美国留学，三年间通过考试录取 179 人，其中 13 人是去美国学农的。在日本或欧美攻读农学的留学生，学成回国，大多在农教岗位上任职。

农业学堂的教师，无论是从国外聘来的，或是从国外留学归来的，他们所用的教材，都是从外国来的，而很少增加中国的内容。他们所培养的学生，毕业后如果也担任教师，必然用其所学教授学生。故 20 年代以前，中国出版的农业学校教科书，基本上都是从日本教科书迻译过来的，种类不多，而且限于初、中等农业学校用书。高等农业学校用书，大约在 30 年代前后才出版。

总的来说，20 年代以前，中国农业学校传授的知识以外国农业书本上的为主，缺少本国的材料。外国书本上的知识当然也有用处，但不了解本国的情况，就往往很难解决本国农业生产中的实际问题。教学脱离生产实际，是中国早期农业教育中的最大缺点。20 年代，许多农业教育工作者大声疾呼要克服此种缺点，要求教师除课堂教学之外，还必须选定课题，参加农业调查、研究、试验与推广等，把课题研究成果带到教学中去，以培养学生解决生产实际问题的能力。20

年代以后，教学与生产脱节的情况有一定程度的改善。但要做到教学密切结合实际也并不容易。"教学与生产相结合"，始终是农业教育的重要目标。

国民政府时期农业教育的发展

1927 年，全国有 13 所综合性大学设有农科，其中一所是实业家张謇私人办的南通大学。该校农科是由甲种农业学校升格而成。1919 年招收预科生，1923 年开始招收本科学生，是当时中国唯一一所私人办的高等农业学校。这年国民政府教育部规定，综合性大学中的农科一律改称农学院，院下设系或科，四年毕业。又有农业专科学校，学制不一，有修业一年卒业的，也有二三年卒业的。

到抗战前夕，全国高等农业学校增至 21 所，随着学校的增加，学校名称、体制等也有一些变化。例如：1928 年，东南大学农科先改称江苏大学农学院，旋改名中央大学农学院；同年，北京农业大学与其他高等学校合并为北平大学，内设农学院；浙江农业专门学校先改名劳农学院，后改为浙江大学农学院；1931 年由直隶农业专门学校等合并演变而成的河北大学停办，其农科则单独成立河北农学院；由山东农业专门学校等合并而成的山东大学，其农科因经费困难而停办，1934 年又计划恢复；江西公立农业专门学校于 1927 年停办，1931 年恢复，并改名"江西农艺专科学校；爱国华侨陈嘉庚所办的集美学校农林科改为高等程度的农林专科；非农业学校中设有关农业的科系，如江苏、湖北、四川三省的省立教育学院都设置农业教育系等。此外，武汉、安徽、广西、东北等四所综合性大学都先后增设农业科系。1932 年，"西北农林专科学校"于陕西武功筹建。可见，这一时期中国农业教育是有发展的。

抗战军兴，华北、华南、江浙等省的高等农业学校纷纷内迁。例如，中央大学农学院迁至重庆，金大农学院随校迁至成都，浙江大学农学院经江西、湖南等省于 1940 年抵达贵州湄潭，一部分未能转移到内地的师生则在浙江龙泉设分校。北平大学农学院随校转移到陕西，后与西北农林专科学校及河南大学畜牧系合并，组成西北农学院。1938 年中山大学农学院撤离广州，经滇、桂二省，于 1940 年到达湘粤交界处的宜章县，岭南大学农学院先迁香港，后也在 1940 年回到粤北。河南大学农学院迁至陕西宝鸡。尚有一些农业学校在本省迁移。也有几所农业院校，如河北农学院、安徽、山东、武汉等大学的农学院停办。

在战局比较稳定的时候，为适应社会需要，在后方各省开办了几所设有农学院或农业科系的学校。如1938 年，上海复旦大学迁到重庆后增设了农学院，1939 年在浙东开办的"英士大学"、1940 年在江西泰和开办的"中正大学"都设有农学院。教育部在四川乐山开办的中央技艺专科学校，在西昌开办的西康技艺专科学校，在兰州开办的西北技艺专科学校都设农业专科。云南大学和贵州大学在 40 年代初也增设了农学院。又有山西太谷基督教会办的铭贤学校，原来是一所中等学校设有农科，1939 年迁到四川后升格为农工专科学校。另外，1940 年，陕甘宁边区在延安成立自然科学院，内设生物系，后改为农业系，又在医学系中设兽医班。延安的这所自然科学院和国民党统治区内的农业院校，体制上虽不尽相同，但也是一所新型的、设有农业科系的高等学校。

抗战期间，华北和东南地区的高等学校转移到后方，在搬迁过程中损失很大，战时条件艰苦，新建的农业院校更不免因陋就简。但烽火连天，犹能弦歌不辍，亦属难能可贵。

抗战胜利后，内迁的学校返回原来所在的地方。中央大学和金陵大学内迁后，汪伪政府利用金大的校舍开办伪中央大学，设有农学院，后为返回南京的中央大学农学院所接收。抗战期间，北京大学内迁，敌伪利用北京和北平两所大学的校舍及设备成立伪北京大学，亦设有农学院。北平大学农学院在北京阜成门外罗道庄，地处郊区，敌伪害怕游击队出没，改用朝阳门内朝阳学院校舍开学。抗战胜利后，北京大学回到北平，接收伪北京大学而增设农学院。清华大学原来只有农科研究所，回到北平后也增设农学院。抗战初起时停办的农业院校此时也先后复校。抗战胜利后，又成立几所新的农业院校。如海南岛的"海南大学"，沈阳的"东北中正大学"等都设有农学院，又接收敌伪在台湾和东北办的农业院校。抗战军兴后的十多年中，农业院校变动很大，不能缕述，以上不过略举梗概。

抗战前后各高等农业院校所设学系有十多种，约可分为四类。第一类是植物方面的，如农艺、园艺、林业等；第二类是动物方面的，如畜牧、兽医、蚕、蜂、渔业等；第三类是社会科学方面的，如农经、农政、垦殖等；第四类是农业工程方面的，如农田水利、农业机械等。各农业院校所设置的科系以第一类最普遍，第二类中以畜牧兽医较多，第三类的农业经济系20年代以前很少，30年代中期起有所增加，第四类的科系，只有很少院校设置，可能因为这类科系与工科院校重复。

1903年，清廷颁布的《奏定学堂章程》，将学堂分为高、中、初三级，创办最早的浙江蚕学馆和湖北农务学堂以"章程"规定来衡量，均属中等程度。1904年直隶农务学堂改为直隶高等农业学堂，这是中国第一所高等农业学堂。那么从1904年到1949年，前后45年中，中国高等农业学校毕业了多少学生？这方面虽缺乏完整的统计数字，但从1931年到1941年的11年中，全国高等农业院校共毕业4566人。约略估计，1920年以前，每年高等农业院校只毕业五六十人，20年代，每年毕业一两百人，30年代每年毕业三四百人。据统计，1940年已猛增至604人。40年代毕业人数大量增加。照此估算，新中国成立前的45年中，全国高等农业院校共毕业10000人左右，最多不会超过15000人。新中国成立后，据记载，至1955年底，共有高等农林院校29所，另有5所是设有农林科系的其他高等学校。从1949年到1955年7年中，这些院校共有毕业生18000多名，比旧中国45年所培养的还多20%。旧中国时代，农业教育的发展太缓慢了！

三　农业机构的建立

 ## 清末中央及各省筹建
农事试验场

兴办农业教育是为了改进农业，改进农业的各项措施必先通过试验，然后推广给农民。当时人们普遍认为，兴办农业教育和筹设农事试验场对改进农业创造条件来说是同样重要和必须的。

最先设立农事试验场的是直隶省。1902年，该省将保定西关省有的169亩桑园及另购租的230余亩农田，成立省农事试验场，栽培各种作物，并引种欧美及日本的棉、麦、玉米、果树等，又饲养从浙江和日本买来的改良蚕种。

奉天省（奉天辖境相当于现在的辽宁省及内蒙、吉林一部分地方，省治在沈阳）于1906年筹设农事试验场，划定沈阳东门外官地300余亩为场址。初聘日本农学家为场师，一年后改聘在美国加州大学攻读农学，毕业回国的陈振先主持。陈振先任职后，扩展试验场面积至1300余亩，将全场划为试验区、普通耕作区、蔬菜区、果树区、苗圃、桑园、树林区、牧草地等八部分，并在场内附设学制为一年的初级农业学堂一所，同时在新民、锦州、昌图、海龙、绥中等县设分场 12 处。奉天农事试验场是当时中国规模最大的农事试验场。

直属于农工商部的北京农事试验场，也是 1906 年兴办的。这一年，清政府的商部改为农工商部，内设农务司专掌农业。也就在这一年，农工商部利用北京西直门外某废园遗址，划出 600 亩荒地辟为农事试验场，内设树艺、蚕桑、畜牧等科。因为当时该废园内正饲养着新从欧洲购回的一些玩赏动物，所以试验场内附设动物园。当年农工商部农事试验场场址，就是现在的北京动物园。

大致本世纪最初的十多年中，除边远地区外，各省都先后成立了农事试验场。但各省农事试验场的规模设备因省库提供经费不同而有很大差别。有一些省因为农事试验场经费太少，只能因陋就简。例如福建省的农事试验场，亦成立于 1906 年。据记载，该场仅占地 50 亩，"因款项未充，规模暂从简略"。"专门技师一时未能延聘。所有一切试验事宜，暂时仍照土法考究"。这样的农事试验场只是徒有形式罢了。农事试验场无非试种从国内外引来的一些优良的作物品种；饲养从国内外购得的家禽家畜，谈不上什么试验，对改进农业并无多大影响。不过，农业科研试验机构的框架在这十多年中基本搭起来了。

北洋政府时期的农政机关和
农林试验场

1912 年建立的以孙中山为大总统的南京临时政府设实业部，内有农务司主管农业。但不久袁世凯窃夺革命果实，建立北洋政府。北洋政府将实业部析为农林、工商二部。农林部内设农务、垦牧、山林、水产四司。一年后又将农林、工商二部重组为农商部，部内主管农业的是农林、渔牧二司。农商部将清末农工商部的农事试验场改名"中央农事试验场"，并调整场内组织，设树艺、园艺、蚕桑、化验、病虫害等科。民初几年，中央农事试验场曾进行过一些试验研究。稍后由于政局动荡，经费窘困，试验无法继续进行。北洋政府统治后期，动物园照常开放，试验研究则濒于停顿。北洋政府瓦解后，该场改名"北平农事试验场"，场内部分房屋被占为私人住宅，场务废弛。

北洋政府农商部直属的农事机构除中央农事试验场外，尚有棉业试验场、林业试验场，种畜场、模范种茶场等。这些分散在京内外的各种试验场，大多因经费不足、技术力量薄弱等原因，很少成绩。

1928 年，北洋政府曾将农商部析为农工、实业二部。农工部设农林、工务、渔牧、水利四司，但为时不久，北洋政府就瓦解了。

关于各省农事试验场，在民初十多年中，情况很不一致。清末各省的农事试验场大多已经建立起来。

进入民国后，很多省农事试验场因经费不足和不时遭受内战干扰，很难开展试验研究。也有一些省条件较好，进行了一些农业科研试验。例如江苏省，松江有稻作试验场，并在高邮、吴县两地设分场；徐州有麦作试验场，在淮阴设分场，兼做杂粮作物方面的试验；南通有棉作试验场，并在南汇设分场；句容有林业试验场，并在丹徒设分场，这些试验场在作物品种选育等方面都取得一定成绩。该省的这些试验场大多是1920年前后建立的。

3 抗战前十年的农业试验改进机构

1928年，南京国民政府成立农矿部，部内设农政、林政二司，主管农林事业。1930年，农矿部改为实业部，内设农业、渔牧二司及林垦署，掌管农业。实业部成立后即筹设"中央农业实验所"。

中央农业实验所（简称"中农所"）于1932年1月在南京成立，时值日本帝国主义在上海发动侵略战争，该所到1933年才正式开展业务。该所初设农艺、森林、植物病虫害、土壤肥料、蚕桑、兽医、农经等系或室，是全国最高的农业科研试验单位。有些研究课题的试验，常组织各地一些农业学校及农事试验场分工合作，共同进行，以提高试验的效果。中农所成立后，始终是全国农业科研试验的中心。它能做出一定成绩固然与农业科学的进步不无关系，但相对北洋政府而言，国民政府比较重视农业也是一个重要的原因。

科研试验和推广是农业改进两个不可或缺的环节，科研试验的成果，通过推广，传授给农民，才能应用到农业生产中去，发挥改进农业的效果。实业部在成立中农所的同时，又成立中央农业推广委员会（简称"中央农推会"）。前者从事农业科研试验，后者掌管全国农业推广。

实业部无疑是掌管全国农政的最高机关，可是 30 年代前期，国民政府又设置了几个与实业部互不统属的农业机关：①国民政府行政院于 1933 年设立"农村复兴委员会"，其任务是进行与复兴农村有关的调查、研究、规划、咨询等，侧重于农业金融方面；②国民政府建设委员会于 1933 年成立"振兴农村设计委员会"，其任务是研究农村经济问题和设计建设农村的方案；③全国经济委员会（1933 年成立，直属于国民政府，其任务是决定国家经济政策，制定经济建设方案，也办理一些经济建设事宜）于 1934 年成立农业处，办理农业技术改良、农田水利整治、荒地开发垦殖和农村建设等事宜。该会又成立棉业统制委员会、蚕丝改良委员会、中央棉产改进所、全国稻麦改进所等专业机构，分别从事改进稻、麦、棉、丝等的生产。其业务很多和中农所等重复。上述各种委员会以及实业部的中农所、中央农推会等，目标都在改进农业，复兴农村。可是机构重叠，政出多门，事权不统一，反而造成极大混乱。

中央农业机关叠床架屋，省的农业机关则无此现象。20 年代后期主管全省农业的机关是省农矿厅，30

年代改称省建设厅。县的农业机构更简单，县政府的建设科或建设局主管全县农政，一般县有县农场、县林场等单位。中央各机关高高在上，发号施令，又政出多门，把任务逐级布置到县。县级机关经费不足，人员缺乏，待遇菲薄，对改进农业往往敷衍塞责，不能切实贯彻到生产中去。农业机关头重脚轻，无疑不利于农业改进。

抗战期间农业机构的调整变革

抗日战争爆发后，政府机关调整裁并，以适应战时需要。这时实业部裁撤，成立经济部。经济部设农林司掌管农、林、渔、牧各政。中农所成为经济部所属机构。该所大部分技术人员撤离南京后即分配到后方各省。这些省的农事试验场等技术力量薄弱，中农所派去的技术人员成立"工作站"，充实了这些省的农业技术力量。实业部的中央农推会，在机关调整时被撤销。行政院另成立"农产促进委员会"，作为主管战时后方各省农业推广的机构。

1938年，国民政府规定各省成立农业改进所（简称农改所）。原来作为省建设厅直属的各种试验场和农业推广机关等全部划归省农改所统一领导，借以加强对农业试验和推广的管理和监督。

农业在国计民生中虽然十分重要，但自清廷设立农工商部后的40多年中，除1913年外，其余时间，农林常和工、商、矿等合组一部，部中设一、二司主管农林事业。抗战以前，农林界人士曾向政府呼吁，将农林独立设部，但都未被采纳。可是抗战期间，政府却成立农林部，可能是因人设事，也可能因为战时国家对农林事业的要求更为迫切，必须有独立的一个部来掌管。

1940 年成立的农林部，由农事、渔牧、林业、农村经济、总务五司和垦务总局组成，又成立一些委员会司理各司局不能直接管理的事宜。部外则设置多个直属机构，分布在各省。这些部内外的机构，随着形势的变化而调整，或增设，或裁减。到 40 年代后期，农林部部内由近 20 个司、处、局和各种委员会组成，部外则有 80 个左右的直属机构。原来直属行政院的农产促进委员会，此时亦划归农林部领导，后与部内的粮食增产委员会合并，组成中央农业推广委员会。这可以说是战前中央农推会的恢复，但业务比中央农推会增加很多。

抗战初期并入经济部的中农所此时亦回到农林部。但该所的森林系则独立成"中央林业实验所"，畜牧兽医系亦独立成"中央畜牧实验所"。抗战胜利后，农林部在上海成立"中央水产实验所"，又在南京成立"中央农业经济研究所"，40 年代中国的农业科研试验单位有很大发展。

革命根据地的各级政府也都设有农林机构。早在 1933 年，中华苏维埃共和国中央工农民主政府就设有国民经济委员部，掌管赣南、闽西根据地的农业。当工农红军主力长征到达陕北，1937 年，抗日民族统一战线建立后，陕甘革命根据地成立陕甘宁边区政府，根据地内的农林事业由政府的建设厅主管。

1939 年陕甘宁边区政府在延安创办农业学校，同时成立边区农业试验场，场内设农艺、园艺、畜牧、林业四部分。1940 年，边区政府在延安城南杜甫川成立光华农场，1941 年将边区农业试验场并入光华农场，场内设农艺、园艺、林业及畜牧兽医四组，成为边区最重要的农林试验推广的综合性机构。

中共中央所领导的晋冀鲁豫边区政府和晋察冀边区政府也分别在 1941 年和 1943 年设农林机构，前者设农林局，后者设农林垦殖局。边区政府所属各行政公署及县政府也都设实业科、农林科之类的机构掌管农业。山东各解放区也在 1947 年设农业科研机构。1948 年晋察冀和晋冀鲁豫两边区政府合并成立华北人民政府，设农林部主管农业。

革命根据地的农林机构虽然比较简单，条件也不如国民党政府的农林机关，但因其想群众之所想，急群众之所急，充分依靠群众，所以工作效率很高，这是国民党政府的农林机关所不能企及的。

至于沦陷区内，抗战期间，敌伪在华南及长江中下游地区很少开展农业科研试验。华北的情况不同。日本帝国主义侵略华北蓄谋已久。早在 30 年代前期，日本人组成的"东亚同文会"曾在天津设农事试验场。1936 年，日本外务省文化事业部在青岛设"华北产业科学研究所"；天津的农事试验场即划归华北产业科学研究所。七七事变后，日本帝国主义做久占华北的打算，调整和建立华北的农业机构，将华北产业科学研究所移至北平。1938 年，日本帝国主义以与华北伪政权合作的名义成立"华北农事试验场"，于北平西郊白祥庵，即现在中国农业科学院所在地场内设耕作、农林化学、作物病虫害、畜产、家畜防疫、林业、农业水利等七科，并在石家庄、济南、青岛、军粮城设分支场，其后更在济宁、开封、徐州等处设试验地，又在华北许多地方设"棉麦原种圃"。它们在华北产业科学研究所统一指挥下，开展华北的农林畜产等各项调查、试验和研究。同时设立"农业技术人员训练所"，为各试验场培养技术人员。此外又成立"华北棉产改进会"、"华北绵羊改进会"、"华北合作事业总会"等组织。从七七事变到日本无条件投降，这些农业机构组织所进行的试验、研究、推广，都是直接或间接为掠夺华北农业资源服务的。抗战胜利后，农林部接管"华北农事试验场"，改名"北平农事试验场"，分支场及试验地、原种圃等则由所在地的政府接管。

四 粮食作物品种改良

 作物育种技术的进步

中国古代农民也很重视作物品种的选育。不过古代农民选育良种没有一定的方法，也无所谓试验。他们选育良种全凭生产实践的经验。这样选育出一个良种要花费较长的时间，效果也较差。近代用科学方法选育良种，有一定的工作程序，通过一定的选育试验，方法周密，因而选育的效果明显。中国近代选育稻、麦等作物的良种最先用的是系统育种方法。

人们知道，任何生物常产生与双亲不完全相似的后代。这种与两亲不相似的所谓"变异"，有些是可以遗传的，有些是不能遗传的。在作物育种时，选择那些具有符合人类需要的性状而又可以遗传变异的后代，用来栽培，并继续几代的优中选优，经过几年的选择培育，育成一个新的品种，这就是系统育种。稍后，除系统育种的方法外，又用杂交育种的方法。即用两个或两个以上品种的个体，互相交配，使两亲的优良性状，在其后代中结合在一起，有时还可能在其杂种后代中出现两亲所没有的新性状。经过选择培育，育成新的品种。

中国最先采用近代科学方法开展作物育种的是金陵大学农科，该校于 1914 年增设农科时，即由农科科长、美籍教授芮思娄（Jhon Reisner）主持，用系统育种的方法进行小麦的良种选育。最初方法简陋凌乱。经过几年积累经验，逐步改善，建立了一套良种选育制度，育种试验的手段也渐臻完备。1925 年，金大和美国康奈尔大学订立《农作物改良合作办法》，商定由康奈尔大学派遣专家，来金大协助指导。到 1931 年合作期满。在这几年中，康奈尔大学先后派遣来华的专家是洛夫（Love）、马雅斯（Myers）、魏庚（Wiggens）三位育种学教授。在他们的指导协助下，金大的作物育种工作有很大进步。这几年，中国其他农业学校和农事试验场的作物育种工作亦有进步。

康奈尔大学派遣来华的三位育种学教授，以洛夫博士对中国的作物育种工作影响最大。洛夫于 1931 年应国民政府实业部和江、浙二省省政府联合邀请第二次来华。这次来华订立的合约规定，往返旅费全由中国政府负担，每月薪金为中国币 500 元及美金 500 元；中国币 500 元由实业部支付，美金 500 元由江、浙二省分担。这在当时的中国是很高的待遇。洛夫不信任中国官厅，怕中国官厅拖欠，要求按月向中国的银行领取薪金。最后商定实业部和江、浙省政府负担薪金按月送交上海商业储蓄银行，洛夫则按月向该银行支取。如果中国政府拖欠，则由上海商业储蓄银行垫付，这样才解除了洛夫的顾虑。此外还商定中国政府为洛夫配备中、英文秘书各一人。洛夫的职务是实业部顾问，中农所成立后任中农所总技师。

洛夫到华后，先在江、浙的农业机关及农事试验场视察，然后提出了关于中国农作物试验制度和试验方法的改进方案，还撰写了《农业推广之重要及中国推广设计》一文，均由中农所译成中文发表。另外又编著《生物统计方法》一书，书中所使用的全为中国的材料。为编写此书，洛夫特地从美国邀请其助手来华协助。此书编成后译成中文，由商务印书馆出版。1931年暑期，金大举办农作物讨论会，洛夫在会上主讲的也是生物统计方法。1934年合约期满，洛夫回国。

1934年，中农所聘请英国剑桥大学教授、生物统计专家韦适（John Wisharf）博士来华，在中农所举办的田间技术研究班上讲授高级生物统计学，又在中农所的农作物冬季讨论会上主讲田间技术及生物统计。1936年，全国稻麦改进所又聘请美国明尼苏达大学作物育种教授海斯（Hayes）博士来华讲授作物育种方法。在作物育种、试验中运用田间技术及生物统计，当时在欧美亦是较新的一门学问。自从洛夫等欧美育种专家相继来华讲学后，中国的作物育种也渐以生物学的遗传变异理论为依据，采用田间技术进行试验并用生物统计方法分析试验结果，方法精密，结论亦比较准确。不再像20年代中叶以前，单纯以田间观察和室内考种为育种试验的手段。30年代中国作物育种工作是有很大进步的。

小麦品种改良

　　小麦是中国最早用近代科学方法选育良种的作物。金大于 1914 年即已开始进行选育。最先育成的小麦良种是"金大 26 号"，于 1924 年推广。20 年代该校还和其他单位合作育成一些小麦良种。该校育成的小麦良种中最著名的是 1935 年开始推广的"金大 2905"。到 1940 年，四川栽培此种小麦达 30 余万亩。1943 年又在川、黔、湘、赣、陕 5 省 64 县推广，达 50 余万亩。

　　东南大学的前身南京高等师范，于 1919 年也开始小麦育种。1920 年东南大学取得上海面粉业公会资助，在南京明故宫废址租地辟为小麦试验场，同时亦在其他农场上进行小麦育种，先后育成"江东门"、"南京赤壳"、"武进无芒"等品种，在 20 年代后期推广。该校后来又育成"美国玉皮"、"矮立多"、"2419"等良种。河南大学及浙江大学均于 1928 年开始小麦育种工作，河北农学院亦在 30 年代育成小麦良种。大致 20 年代以前从事小麦育种工作的是一些高等农业学校。

　　30 年代初，中农所从国内外征集小麦 5000 余种，作为选育材料，组织农业学校及农事试验场多处，合作进行试验。育成的小麦良种中以"中良 28"最为有名，于 1939 年开始在川、黔两省推广，它的收成比农家最优品种可多收约 15%。抗战期间，川、滇、黔、陕等省的农事试验场都开展了小麦的育种和推广工作。

　　自金大农科开始进行小麦育种后的 30 多年中，中国育成的小麦品种不下数十种。据统计，1937年各省推广的小麦良种，推广后收到良好效果的共有9种，至1944年推广的小麦品种有较好效果的增至37种。抗战以前，推广小麦良种的地区主要在苏、浙、豫、皖四省，抗战期间，后方各省都推广小麦良种。1940年共推广小麦良种60万亩，1942年推广130万亩，1945年增至400余万亩。据此可知，抗战期间中国小麦良种的选育和推广都有较大发展。

水稻品种改良

中国最先征集水稻品种、运用近代科学方法进行选育的是南京高等师范农业专修科。该校于1919年开始此项工作，经过六七年的试验，育成"江宁洋籼"、"东莞白"等数种。这些育成的水稻良种，从1926年起在南京附近小面积推广。后又育成"帽子头"一种，先在江宁和皖南一带推广。抗战前夕，在湖南衡阳等地推广20余万亩。它是中国最早较大规模推广的水稻良种。20年代中叶，金大和中山大学亦开始水稻育种。中山大学的作物育种以水稻为重点，育成新的水稻品种数种，在广东推广。其中"中山一号"是该校丁颖教授用野生稻与栽培的自然杂种育成的新种，具有生育旺盛，对不良环境抵抗力强等优点。后来广西曾用中山一号的衍生品种育成"包胎矮"等良种，成为70年代两广地区晚造稻的当家品种。

这时期，江苏省设稻作试验场，专门从事水稻育种。稍后，浙江、湖南、江西等省的农事试验场也开始水稻育种。江苏省稻作试验场在 30 年代初已育成几个粳稻品种，浙江也育成几个粳稻品种，其他各省选育的都是籼稻，例如 30 年代后期，湖南省农事试验场育成"胜利籼"、"黄金籼"、"万利籼"、"抗战籼"等四种。江西南昌农业试验场育成"南特号"一种，也是籼稻。"南特号"于 1938 年开始推广。据 1944 年统计，在赣、湘、闽、粤、川 5 省 85 县共推广"南特号"约 100 万亩。后来推广区域继续扩大，是当时推广面积最大的水稻品种。1956 年，广东农民育种家用系统选择法在"南特号"基础上育成耐肥抗倒伏的矮秆良种——"矮脚南特号"。稍后广东省农业科学院通过杂交育成"广场矮"、"珍珠矮"等品种，这时期南方其他一些省也育成水稻的矮秆良种。到 60 年代前期，在中国南方稻区矮秆水稻品种的栽培已基本普及。

至于西南的川、滇、黔、桂以及陕西的汉中、城固等地，都在 30 年代中、后期进行农家种的检定，选定若干检定种用来示范推广。

中农所自 1933 年开始从国内外征集 2000 多个水稻品种，与全国稻麦改进所合作，在全国 12 省 28 个试验场进行联合试验。抗战开始后，该所将此试验在西南各省继续进行，先后育成"中农 4 号"、"中农 34 号"等品种。

水稻适应性较小，而栽种水稻的地区却很广，所以育成的水稻品种特别多。据抗战后期统计，20 多年中用来推广而收到实效的水稻良种有 120 余种。1946

年，全国推广水稻良种面积达 800 余万亩，是新中国成立前推广水稻良种最多的一年。

4 玉米良种的引种和选育

中国栽培玉米只有 400 多年历史。玉米传入之初，国人并没有把它作为粮食看待，农家种一些玉米是作为零食吃的。玉米的栽培、收获等都比较省工省力，贮藏也比较方便，玉米比其他粮食耐饥，所以中国最先把玉米作为主粮的是上山垦殖的山民，他们把玉米带到山上去种植。19 世纪中叶纂修的湖北《建始县志》上说："建邑山多田少，居民倍增，稻谷不给……深山幽谷开辟无遗，所种惟包谷最多，巨阜危崖，一望皆是。"这里说的"包谷"就是玉米。据此可见，当时建始县内因人口增加，粮食不足，可种稻谷的地方，当然都种稻谷，不能种稻谷的"危崖幽谷"便都种了玉米。19 世纪中叶以后，由于人口继续增加，很多平川地方也开始种玉米，种玉米的地方越来越多，玉米在粮食作物中的地位也逐步上升，终于成为仅次于稻、麦而居于第三位的粮食作物。玉米既然是相当重要的粮食作物，它的引种、选种也开始为国人所重视。

中国最早用科学方法从事玉米选种的也是金大农科。该校曾育成"南京黄玉米"一种，其后黄淮流域及其以北地区的一些农业学校及农事试验场也从事玉米的品种选育试验。

30 年代在华北最受农民欢迎的玉米品种，是 1930

年山西太谷铭贤学校从美国引进的"金皇后"玉米。在该校的品种比较试验中,"金皇后"的丰产特性超过其他品种。1937 年,该校将其推广。抗战期间曾在华北农村广为采用,尤其是太行地区栽培更多。40 年代初传入陕甘宁边区,由延安光华农场繁殖,在陕甘宁地区推广。后来又被引种到西南各省。金皇后玉米的栽培几乎遍及全国。30 年代,中国还从美国引进"砂糖玉米"、"可利玉米",又从意大利引进"白玉米"等。

其他几种粮食作物的良种选育

中国粮食作物除稻、麦外,玉米、粟、高粱、薯类等,统称为"杂粮"。在旧中国,据估计:华南有 30%、华中有 40%、华北有 80% 的人民都以杂粮为主粮。全国半数以上的人口以杂粮维持生命。因此对于杂粮的良种选育,亦较为重视。

粟 俗称"小米",是杂粮中最古老的作物。根据出土文物推断,黄河流域种粟已有六七千年历史,它的品种资源亦极丰富。中国用科学方法选育粟的良种,是 20 年代后期才开始的。因为粟是北方的重要粮作物,所以当时从事粟良种选育的都是北方的农场,如燕京大学的作物改良场、基督教会办的南宿州农场、开封农场,还有河北定县、山东济南的农场等。这些农场都和金大合作,从事粟的品种改良。抗战前,河北农学院也曾育成一些粟的良种,在河北推广。抗战期间，晋察冀边区农场、陕西省大荔农场，以及北平的"华北农事试验场"及其济南、青岛、石家庄等分支场，都曾开展粟的品种选育。

高粱 高粱栽培在中国亦有较悠久的历史。20年代，华北的一些农场和江苏淮阴的农事试验场等，曾从北方农家所种的高粱中选育出一些良种推广。当时燕京大学的作物改良场和山西的铭贤学校等都曾从美国引种高粱，但结果并不理想，例如引进的高粱植株较矮，而高粱秆在北方农家有多种用途，矮秆的高粱不符合北方农家的需要。抗战期间，晋察冀边区农场在太行山的农家品种中选得一种耐旱高粱。这种高粱据说是20年代中叶由一位美国传教士从非洲带来的，边区农场在试验中发现其有分蘖多的特点，产量较高，推广后栽培面积迅速扩大。因为分蘖多，人们称它为"多穗高粱"。

大麦 日本人办的"南满洲铁道株式会社"在吉林公主岭设置的产业试验场，于1920年已开始进行大麦的选种。1925年，金大亦从事大麦良种选育，育成"金大1号"大麦及"金大99号"裸麦。稍后基督教会办的南宿州农场与金大合作，育成"1963号"大麦及"718号"裸麦。教会办的开封农场亦与金大合作育成"开封313号"大麦。30年代前期，金大用俄国大麦与四川大麦杂交育成一个新品种。抗战期间，西北农学院与中农所合作进行大麦品种比较试验，育成9个大麦良种，于1944年开始繁殖推广。

甘薯 16世纪后期由海外传入中国。当时中国栽种甘薯，只在灾荒之年用以充饥。后来人口增加，粮食不足的地方以此果腹，有些地方则栽培作为主粮。1934年中农所首先进行甘薯育种试验，不久抗战开始，试验未有结果。抗战初期，四川省农业改进所从国内外征集品种，进行试验。1940年，从美国征集到的一个叫做"Nancy Hall"的品种，译作"南瑞苕"，此种甘薯在试验中具有丰产、质优、含糖量高、成熟较早等优点，于1944年开始推广。

抗战期间，沦陷区内抗日游击队活跃。日本侵略军害怕游击队隐蔽在高粱地里。为此华北的日伪规定，铁路两侧不准栽种高粱等高秆作物，只许栽种低矮的甘薯等。"华北农事试验场"从日本的九州、冲绳等地引进几个甘薯品种，在华北推广。其中有一种是"冲绳百号"，丰产早熟，其产量可比一般农家品种高出六倍。抗战胜利后，此种甘薯改名为"胜利百号"，在全国很多地方推广。

马铃薯 19世纪后期的湖北《施南府志》中说："最高之山，地气苦寒，居民多种洋芋。"《宜都县志》中也说："深山苦寒之地，稻麦不生，即玉黍亦不殖者，即以红薯、洋芋代饭。""红薯"就是前面说的甘薯；"洋芋"即马铃薯。可见当时"深山苦寒"之地的人们是以甘薯、马铃薯作为主粮的。1907年，山西旱灾，山西省也号召农家种马铃薯救荒。

马铃薯一般作为蔬菜下饭，但在缺粮的地方，缺粮的时候则用作主粮，全国台湾栽种马铃薯最早，是17世纪初荷兰人带来的。后从台湾传入大陆。马铃薯从国外传入当不止一次，据文献记载，19世纪末德国人带马铃薯到山东栽种，美国传教士带马铃薯到四川峨眉、雅安等地栽种，1934年朝鲜人把马铃薯带到东北；1938年加拿大人把马铃薯带到成都。可能还有一些在文献中未曾记载的。

1935年，中农所为了改良马铃薯的栽培，曾从英国剑桥大学引进10多个品种，又从美国康奈尔大学引进20多个品种。中农所先在南京进行试验。抗战期间，移至贵州试验，育成"黔1"和"黔7"两个品种，在贵州等地推广。

1942年，中农所在西南、西北各省征集农家栽培的马铃薯品种进行试验，同时又请美国马铃薯育种专家戴兹创（T. Dykstra）来华协助指导，戴兹创带来52个马铃薯品种，分别在重庆、贵阳，武功三地试种，又带来4个品种的种子各100磅，用来栽培，供品种观察繁殖之用。抗战期间，沦陷区内也从日本引进一个叫做"男爵"的马铃薯品种。中国近代马铃薯的品种改良，主要是从国外引进良种。

五　经济作物的改良

　引种美棉和棉作改良

　　棉花不是中国的原产，中国栽培棉花最初是从国外引进的。大约四五世纪时，新疆和甘肃一带已栽培纤维短、产量低的非洲棉（世界栽培的棉花有六种，中国栽培的有非洲棉、亚洲棉、陆地棉、海岛棉四种）。在此之前，海南岛和西南边远地区已栽种棉花，种的是属于亚洲棉的多年生棉（长江流域及以北地区植棉为春季播种，冬季收花后拔秸，明春再播种。海南岛及西南边远地区，有些地方气候温暖，冬季无霜，棉株经冬不凋，可以多年生长，不必年年播种，所以是多年生棉）。当时西北种的非洲棉，亦称"草棉"和西南地区种的多年生棉，数量都很少，在国民经济中微不足道。

　　大约南宋后期，长江流域才开始栽培棉花，宋元之际又向黄淮及其以北地区扩展。直到 19 世纪中叶，无论长江流域还是黄淮及其以北地区，种的都是一年生亚洲棉。亚洲棉在中国栽培的历史悠久，所以通常称之为"中棉"。中棉纤维粗短，捻曲数少，拉力弱，只能纺 16 支以下粗纱。它虽然是手工纺纱很好的材料，但不符合机器棉纺工业的要求。机器棉纺工业在中国兴起后，新兴的棉纺企业，都希望能改种纤维较细长、捻曲数多，能纺细纱的陆地棉。中国最初栽种的陆地棉，基本上都是从美国引进的，所以通常称之为"美棉"。

据 1865 年记载：当时上海近郊已有少数人家栽种少量美棉。这些美棉的棉种从何而来？栽种的结果如何？文献中都没有具体说明。中国直接从美国引进美棉并有具体记载的，首推上海机器织布局。

上海机器织布局是中国最早的机器棉纺织厂，筹建于 19 世纪 70 年代末 80 年代初，由郑观应主持其事。为慎重起见，在向美国购买纺织机器之前，郑观应先请驻美使臣容闳在美国聘请一位熟悉棉纺技术的技师来华商谈。这位美国技师到沪后，看到中棉纤维粗短，能否用美国机器纺纱，没有把握。为此郑观应派译员梁子石携带中棉数十担去美国试纺。结果证明，美国机器可以用中棉纺纱，但所纺之纱不及美棉的好。于是郑观应决定在美购买纺纱机 200 台，并命梁子石在美"考究外洋种花之法……先购花子（美棉种子），旋沪试种"。美棉种子到沪后，即散发给上海附近农家试种，并由梁子石编译《美国种植棉花法》一本小册子，随同棉种分送给棉农。《美国种植棉花法》，是中国最早一本介绍美棉栽培方法的书。

继上海机器织布局之后，湖广总督张之洞亦在武汉创办湖北机器织布局。张之洞于1892年电请出使美国的崔国因在美选购适宜于湖北种植的美棉种子。崔在美国从百余种美棉品种中选购两种，共购棉子34担。这批棉子运到湖北，因为转运途中延误了时间，发给农民播种较迟，播后棉花生长不佳。1893年又再购百余担，及时运到湖北，并译印一本《美国种棉花法》小册子，连同棉种散发给湖北产棉各县农家，广为劝种。

本世纪初，清政府的农工商部和北洋政府的农商部都提倡栽培美棉，先后购买大量美棉种子，在冀、鲁、晋、豫、江、浙、鄂等产棉省推广。有些省的官厅或纱厂也直接向美国购买美棉种子推广。民国初年，农商部还在正定、南通、武昌、北京设四个部属的棉业试验场。1916年又以袁世凯在河南彰德（今安阳市）的土地200亩开办"模范种植场"。这些棉业试验场和种植场都以引种和推广美棉为主要目的，很多省的农事试验场也都从事栽种美棉的试验。但是自从19世纪80年代开始引种美棉，40年中，都没有获得成功。

早期引种美棉失败的根本原因在于错误地认为，引种美棉不过是把美棉种子买回来，散发到农民手中，种到地里就算了事。没有考虑到驯化和种后的选种保纯等问题。栽培管理比较好的，栽种的最初一两年，收成尚可，但两三年后，由于混杂退化等原因，棉品种的优良种性很快消失，再没有推广价值。也就是说，没有采用科学的方法，以致长期未获成功。

上海华商纱厂联合会首先认识到，要引种美棉成功，必须依靠科学方法，开展驯化、选种保纯等试验。为此该联合会在重要棉区共设置了 7 个棉场，作为改进植棉试验的基地和推广的据点。

1919 年，联合会通过金陵大学，由美国农业部介绍 8 个美棉的标准品种，在全国 26 处同时进行品种试验，以决定引种哪一品种最为适宜。这年秋季，联合会又聘请美国棉作专家顾克博士（O. F. Cook）来华指导。顾克在各棉区考察后，在试验的 8 个美棉品种中，选定"脱字棉"和"爱字棉"二种，认为前者适宜在黄河流域推广，后者适宜在长江流域栽培，他又推荐美棉中的"隆字棉"亦可推广。顾克又认为，中国东南沿海地区，气候潮湿，栽培中棉较为适宜，但中棉品种须加改良。

1920 年，联合会决定在南京成立棉作试验总场，将原来在重要棉区所设置的 7 个棉场作为分场。棉场全部委托东南大学农科管理并辅助其经费。同时联合会也给金陵大学农林科辅助经费，用于中棉选种和美棉驯化等试验。在联合会的委托资助下，东南大学和金陵大学成了当时全国植棉业改进的中心。

从 1920 年起，植棉改进大体按照上述顾克的意见进行。东南大学农科参考外国的棉花育种试验方法，根据本国的具体情况，并与金大共同商讨，拟订了《暂行中美棉育种法大纲》及《棉作纯系育种》作为棉作育种试验的准则。各试验场依照《大纲》，经过试验，引种脱字棉及爱字棉都取得了很大成绩。

30 年代前期，为改进植棉业，中央农业实验所和中央棉产改进所相继成立。美国作物育种专家洛夫被聘为中农所总技师。洛夫认为，作物品种宜推陈出新，不能长期停留在原来的几个品种上。脱字棉和爱字棉在中国已推广十多年，应该寻求更好的品种。他建议进行新的棉品种试验。中农所由此从国内外征集 31 个中美棉品种，于 1933 年开始在全国 12 处联合进行"中美棉区域试验"，所用方法也比较周密。1934 年洛夫回国，试验改由国人主持，由中农所和中棉所合作，在全国 17 处继续进行。

经过试验，发现"斯字棉"和"德字棉"两个美棉品种，无论产量和纤维质量都优于脱字棉和爱字棉，斯字棉适宜于黄河流域栽培，德字棉适宜于长江流域栽培。于是 1935 年、1936 年向美国购买这两个品种的种子，繁殖推广。抗战期间，斯字棉在豫西及关中一带推广，栽培面积每年常达 100 万亩以上。德字棉在四川、西康一带推广，40 年代初又在云南推广。这两个品种的美棉，抗战胜利后大面积推广，逐步取代了脱字棉和爱字棉以及一部分中棉。中国引种的美棉除上述的脱字棉、爱字棉、斯字棉、德字棉之外，尚有金字棉、隆字棉、珂字棉等。这些美棉或引进较迟或推广面积不大，这里不拟多说。

至于中棉，20 年代，各地曾选育出几个改良品种，如东南大学育成的"江阴白籽"、"孝感长绒"，金大育成的"百万华棉"等，但推广面积都不大。后来育种工作者认识到，即使加强选育，也不可能把中棉纤维改良到像美棉那样适于机纺细纱之用，中棉的利用价值显然不大。30年代中叶以后就不再选育和推广，其在全国的栽培面积逐步缩小。到50年代初，有近千年栽培历史的中棉，终于从全国农业生产领域中退了出去。

自从1919年开始采用科学方法引种美棉和改进棉花栽培方法后，中国棉业取得很大进步。1931年至1936年的6年中，全国进口外棉的数量从560余万担降至80余万担，棉田面积亦由三千余万亩增至五六千万亩。这表明中国棉纺工业所用的原棉，已朝着自给的方向发展。抗战期间，重要棉区大部分沦陷，棉业遭受很大挫折。1949年全国产皮棉888万担，还不到1936年产量的一半。新中国建立后，植棉业像其他生产事业一样快速恢复，迅猛发展。1957年全国皮棉总产量达3280万担，是1949年的3.7倍，比1936年也增加近1倍。1973年更突破5000万担大关。

最后我们还拟说一说日本帝国主义掠夺中国华北棉花资源的概况。本世纪初日本棉纺工业已较发达，但所用原料棉单靠朝鲜，已不能满足需要，于是便转而到华北来搜求。

1918年，属于日本东洋拓殖会社的和顺泰商号即在胶济铁路沿线试种金字棉。1920年开始将一批金字棉种子从朝鲜运到胶济铁路沿线的坊子、张店等站，收买这些地方的村长、地保，为其劝诱农民领种；规定农民领种一亩即发给种子10斤，肥料费2元，并免费提供一定数量的治虫农药。对于村长、地保则奖给劝诱费 3 角。凡愿领种的农民必须订立合同，约定棉花收获后将籽棉卖给和顺泰，按时价分等计值。和顺泰将收购到的籽棉运往青岛轧花厂轧成皮棉，向青岛的日本纱厂提供原料，一部分运回日本。1924 年以后，和顺泰停止以金钱收买村长、地保劝诱农民植棉的活动。

其时鲁北一带生产棉花已较多。据 1931 年的记载，当时有 20 余家日本商行在鲁北的利津、滨县及临清等地设庄收购棉花，操纵棉价，垄断市场。在棉花购销转运过程中则偷税漏税，中国政府对其无可奈何。

日商亦在河北掠夺棉花，由日本兴业公司进行。该公司在滦县设立植棉委员会，在丰润、遵化、密云等十余县设分会，诱惑农民合资植棉，供给肥料及植棉费用，而收购其棉花。

30 年代中叶，日本外务省转令其驻天津领事馆在天津南开区设植棉试验场，并通过奸民冒用中国人名义，在天津一带购买土地用以植棉，同时日本驻济南领事亦与山东省当局交涉，在鲁北一带租用土地，募集农民栽培棉花。日本帝国主义的魔掌也伸入山西，在晋北推广的都是金字棉，其他各地也推广脱字棉、斯字棉等。1936 年日本拓务省拟定"华北五年棉业改良计划"。华北沦陷后，日伪在北平联合成立棉产改良总会，在济南、太原等地设分会。他们进行的所谓"改良"，就是诱迫农民种植他们推广的美棉，为其掠夺华北棉花资源服务。当时晋冀鲁豫边区政府，一面组织人民对敌开展游击战，一面领导人民与敌人进行经济斗争，号召人民多种粮食，少种棉花，禁止棉花出口等。

河北、山东是棉花的重要生产基地。日本帝国主义选择华北一带为其掠夺棉花资源的地方。日本政府为掠夺华北的棉花，曾一再派遣调查团、考察团等来华北了解棉花的产销情况，在天津、青岛等地设立农事试验场，繁殖培养优良棉种，成立各种植棉委员会、棉花改良会等，推动华北农民多种棉花，又在华北棉区成立信用组合、贩卖组合等，用来统制棉花产销。中国政府坐视日本人的掠夺，不敢采取任何措施。

 烟草种植业的改进

烟草原产中美或南美，中国最早栽培的烟草大约是 17 世纪初从菲律宾传到闽南的漳、泉等州，后来又传到北方。19 世纪以前，国人所吸的水烟和旱烟，是用国产烟叶制造的。这种烟叶品质较差，不用来制造卷烟。制造卷烟都用美国烟草的烟叶。美国烟草引种后，通常称为"美烟"，中国原来栽培的烟草则称为"土种烟"。

19 世纪 70 年代以前，西方国家只有雪茄烟。1880 年，美国机械师发明卷烟机器，这时欧美等国才有大批量的卷烟生产。不到 10 年，欧美烟商便把卷烟运到中国推销。美商花旗烟草公司不但来华推销卷烟，19 世纪 90 年代还在上海浦东开办了一家规模很小的卷烟厂。这是中国境内最早的卷烟厂。1902 年，英、美几家大烟商在英国伦敦联合组成"英美烟公司",在上海设分公司,销售卷烟,并在上海筹建卷烟厂。花旗烟草公司在浦东办的小卷烟厂这时亦被并入。接着又在汉口、天津、沈阳、哈尔滨设厂生产卷烟。这些厂制造卷烟所用的烟叶,最初是从美国运来的。后来为了减轻成本,该公司决定在中国栽种美烟,生产烟叶。为此,公司一再派人到许多地方调查,选择适于推广种植美烟的基地。首先被选定的是山东潍坊一带。

1913 年,英美烟公司开始在潍县、坊子(今合并为潍坊市)租用民田 50 亩,播种美烟,作为在这一带推广美烟的示范田。美烟种子则从美国购来贷给农民,又编印美烟栽培及烤制方法的宣传品,广为散发,并无偿提供烤烟用具;对贫困烟农更贷给种烟资金;还向烟农保证,烟叶登场,以较高价格现金收买烤烟。总之给烟农以种种优待。在该公司一系列优待的诱引下,农民觉得栽培美烟比种其他作物有利,于是潍县及坊子的农家首先纷纷改种美烟,到 1918 年,潍坊附近胶济铁路线一些县的农民也开始种植美烟,掀起了种植美烟的热潮。1914 年时,只有潍坊有英美烟公司示范的烟田 50 亩,到 1918 年,潍坊及附近数县的美烟烟田扩大至 5 万亩,烘坊达 8000 所,烤烟工人不下30000 人,种烟、烤烟成为该地区农家的主业。

1917 年,英美烟公司用上述办法在河南许昌、襄城一带及安徽凤阳、蚌埠一带推广种植美烟。这样,英美烟公司在短短几年时间里,便开辟了三个生产烤烟的基地,为该公司所办的卷烟厂提供了充足的原料。

据统计，英美烟公司 1915 年在中国收购烤烟 44 万余斤；1924 年收购 6200 万斤；1935 年增至 8200 万斤，是 1915 年的近 200 倍。生产规模也不断扩大，其所获利润也随之增加。中国人开办的烟草公司，如南洋兄弟烟草公司等，当时也在潍坊、许昌、凤阳等地收购烤烟。但华商的烟草公司资金远不及英美烟公司雄厚，推广的美烟，收购的烤烟数量不多，且在收购中备受英美烟公司的排挤。

在农民只种土烟的时代，英美烟公司为引诱农民栽种美烟，曾给农民以某些优待。当种美烟的多了，渐有供过于求的趋势时，该公司收购烟叶时，便施展其操纵价格、垄断市场的伎俩。

30 年代初，英美烟公司在潍坊为中心的胶济铁路沿线相隔五六十里设一收购站。离站数里或数十里远的烟农，或车载，或肩挑把自己生产的烟叶运到收购站，排队等待收购。英美烟公司对各地烟田面积、烟叶产量，将有几家华商烟厂也来该地区收购烟叶、要收购多少等，事前都有较准确的估计。该公司以这些调查估计的数字作为预定收购价格的依据。各收购站每天所定牌价以预定价格为标准，并视门外排队等待出售烟叶农民的多少随时调节。

烟叶随叶质优劣分若干等级，价格不同。收购站看货估价，例由洋员亲自进行。估定价格后，如果烟农对价格稍有不满，估价的洋员便立即估后面一号烟农的烟叶，对原来一号烟农不予理睬。烟农将烟叶远道运来，不能不卖，无可奈何，只能将烟叶移出收购站，在门外重新排队等候。第二次进入收购站时，如果被洋员认出是重新排队的，不但面露揶揄之色，而且比原来所估价格更低。烟农终年胼手胝足，耕作栽培，出售产品时则受尽洋员欺侮，听任洋商宰割，怎不令人丧气！

当时潍县公安局接受英美烟公司津贴，派遣警员为收购站维持秩序，保护安全。当地的银行则随时为公司提供收购烟叶的现钞。公安机关、金融单位都为英美烟公司周到服务，所有这些，都是半殖民地半封建国家性质的具体表现。

20 年代种烟业兴旺发达，30 年代前期，烤烟价格一落千丈。例如许昌的烤烟价格，1930 年时每斤可卖 1.20 元，1933 年跌至 0.40 元，叶质差的只卖几分钱一斤，甚至还无人问津。而种烟所费工本很大，烟农有因种烟亏本而自杀的。

中国政府的财政部门对卷烟征收大额捐税，对烟草栽培改良却很少过问。1933 年，许昌烟叶公司成立"美种烟叶改良委员会"，设置农场，繁殖美烟种子，配售给烟农播种。又设立技术指导处，指导烟农种烟、烤烟技术。财政部为表示关心种烟业的改良，曾提供部分经费。不过许昌烟叶公司是英美烟公司和中国烟商分别以 51% 和 49% 的股份组成的，所以许昌烟叶公司的"美种烟叶改良委员会"，实际上是为英美烟公司服务的。

国人改进种烟是从 30 年代中叶开始的，这时期山东及山西两省的农业机关先后设立烟草改良场和烟草育种场，从事美烟的品种改良试验，但不久便因抗战爆发而中断。

抗战期间，盛产美烟的地区相继沦陷。后方各省生产的烟叶十之八九是土烟。为了发展大后方的卷烟业，贵州省农改所于 1938 年征集数十种美烟品种，经过 5 年试验，育成适宜西南地区栽培的三个美烟品种，在贵州等地推广。这时四川省农改所亦在成都平原设烟草改良场、烟草试验场及烟叶示范场，进行美烟品种选育试验和美烟栽培试验。30 年代末，云南推广种植美烟，昆明及玉溪为云南的烤烟生产基地。抗战胜利后，农林部于 1947 年在南京成立"烟草改进处"，并在许昌、蚌埠设烟叶改良场。但这时国民党政权濒于垮台，已无暇顾及此事了。

 8 油料作物的点滴改良

大豆、油菜、花生是三大油料作物，而大豆尤为重要。中国栽培大豆已有四五千年历史，现在栽培的大豆，是古代劳动人民从小粒、蔓生的野生大豆中选育出来的。春秋战国时期，在华北一带，大豆和小米是人们同等重要的主粮。1953 年，在洛阳烧沟汉墓中出土的陶制粮仓上写有"大豆万石"四字，可见汉初中原地区还大面积栽种大豆。其后大豆在主粮中的地位逐步下降，渐渐向副食品的方向发展。

据研究，早在秦代，朝鲜已从中国引种大豆，不久又从朝鲜传到日本。另外，大约在 6 世纪，又由海道从华中地区直接传到日本的九州一带。大豆传到欧洲在 18 世纪中叶，1740 年法国巴黎试种大豆，1790年英国皇家植物园试种大豆，到 1804 年才传到美国。美国最初生产大豆是作为饲料用的，后来认识到大豆是很好的食品，于是栽培面积不断扩大。20 年代中叶，美国从中国、日本、朝鲜，主要是从中国收集到数千个大豆品种，进行研究试验，得到 168 个较优良的品种，其中大部分是从中国收集到的。美国北部大豆产区栽培的品种绝大多数是从中国东北引进的，南部大豆产区栽培的品种大多来自中国长江流域，也有从日本、朝鲜引入的或用引入的品种选育而成的。

在中国，大豆的品种改良最早是日本人在东北进行的。

日本的南满洲铁道株式会社办的农事试验场，于 1915 年开始用科学方法进行大豆育种，曾育成两个良种，在东北推广。1923 年，金大开始大豆品种选育试验，经过 7 年时间，育成"金大 332"一种，比当地品种产量高并且早熟。这时期，金大又和南宿州农场合作育成一个新品种。稍后，浙江大学农学院亦曾育成"白毛大豆"一种。抗战期间，西北农学院与中农所合作育成产量较高的 6 个大豆品种。

油菜古称芸苔，考古工作者曾在甘肃秦安县发掘到 5000～7000 年前的芸苔种子。古代西北地区栽种芸苔是作为蔬菜食用的。大约 6 世纪前后，古人栽种芸苔已不再单纯用充蔬菜，也采收种子榨油。到了宋代，芸苔被改称"油菜"，宋代的古籍中明确记载，有专为采收种子榨油而种油菜的。

油菜有白菜型、芥菜型、甘蓝型三种，分别原产中国、非洲、欧洲地中海沿岸。中国古代栽培的是白菜型油菜，后来也引进芥菜型和甘蓝型油菜。抗战以前未见有何单位开展油菜的品种改良工作。抗战期间，矿物油进口受阻，对植物油的需求增加。中农所的贵阳工作站于1938年开始油菜的品种选育试验。限于条件，试验只集中力量于人工自交方面。抗战胜利后，曾从日本引进中晚熟的属于甘蓝型的"胜利油菜"，也从欧洲引进一些晚熟的油菜品种。新中国成立后，于1953年开展油菜育种工作，曾以"胜利油菜"为基础育成一大批油菜新品种，弥补了以前油菜育种工作的不足。

花生原产巴西，大约16世纪时传入中国，中国长期栽培的都是粒子比较小的品种。19世纪80年代，基督教传教士汤普逊（Thompson）携带着少量大粒种花生从美国来上海，他将一半分给即将前往山东蓬莱县的美国传教士米勒斯（Charles R. Mills）。米勒斯到蓬莱后，将此种花生分给两个中国教徒栽种。于是大粒种花生先在蓬莱传播，后又扩展到其他地方。30年代后期，广西农事试验场首先开展花生的品种比较试验，育成6个良种。40年代初，中农所也在重庆从事花生的育种试验。

 4 两种糖料作物的引种和选育

糖料作物指甘蔗和甜菜。中国栽培甘蔗已有一千多年历史，甜菜是近代才从国外引进的。台湾盛产甘蔗，台湾的蔗糖运销世界。所以甲午战争以前，中国是蔗糖出口国。战后台湾割让给日本，中国一变而为蔗糖进口国。闽、桂、川、赣、浙、湘等省虽亦栽种甘蔗，但品种低劣，茎秆细弱。1914年农商部曾在华南设立糖业试验场，从爪哇引进蔗种试验，并颁布《奖励种蔗办法》，对蔗农给予种蔗用苗及种蔗用肥补助。这些措施未能很好执行，效果不大。

中国改良甘蔗品种试验始于广东。30年代前期，该省曾从南洋及菲律宾征集50余种蔗种进行试验，选出适于该省栽培的甘蔗10余种。福建旅居南洋的华侨，亦曾回闽经营种蔗业，并改良甘蔗品种。1936年，四川省成立甘蔗改良场，从东南亚、印度、檀香山等地征集优良蔗种，进行品种比较试验，选得适于四川栽培的两个品种繁殖推广。1939年起，中农所和广西农事试验场合作，蒐集80个甘蔗品种进行试验，亦选出两个优良品种，用以繁殖推广。

中国引种糖用甜菜始于东北。据考证，19世纪70年代前后，糖用甜菜已从国外传到东北。1905年，日俄战争中帝俄的一位负伤军官，战后侨居哈尔滨，在阿城经营甜菜糖厂，并在哈尔滨附近推广种植甜菜，为糖厂提供原料。1906年成立的奉天农事试验场开始种甜菜。1914年，南满洲铁道株式会社办的产业试验场亦种甜菜。次年该会社成立"南满制糖公司"，推广栽培甜菜，同时筹建制糖厂。南满洲铁道株式会社所属的公主岭农事试验场则于1915年从比利时引进多种甜菜品种，开展选育试验，以改良甜菜的品种。

　　大约清末民初，糖用甜菜栽培已传到华北。1916年时，山东济南开设"溥益制糖厂"。该厂于1918年从德国购买甜菜种子，向济南附近各县农民免费提供，并贷给农民种植资金，还派技术人员到农村宣传，指导种植方法，保证收获后以较高价格收购。河南农事试验场和内蒙部分地区于30年代试种甜菜。40年代初，甘肃兰州和武威推广从荷兰引进的甜菜种子。这时期，延安的光华农场也试种甜菜，后扩大栽培，建立糖厂。

　　据上所述，可知糖用甜菜在中国的栽培始于东北，逐步向南、向西扩展，弥补了北方不能种植甘蔗，生产蔗糖的缺陷。

六　园艺业的发展

园艺教育

　　通常所说的园艺，包括果树、蔬菜、花卉三方面。园艺教育与园艺业的发展有着直接的关系。

　　谈到园艺教育，应从岭南大学增设农科说起。

　　岭南大学的前身是美国教会 1888 年办的格致书院，1900 年改名"岭南学堂"，是一所中等程度的普通学校，最初与农业并无关系。1908 年美国园艺学家高鲁甫（Groff）到广州，在岭南学校内辟一农场，以供花卉果蔬等园艺作物的栽培试验。因有这样的条件，岭南学堂便附设了农科班。农科班最初只讲授一些初级农学知识。民初岭南学堂升格为文科大学，同时亦充实了农科班的内容。后来大学改组又将农科班改为大学的农科。

　　中国早期的高等农业学校，园艺一门大多包括在农科之内而开设园艺课程。大约到 20 年代，园艺才从农科中分离出来。例如京师大学堂农科分农学及农艺化学二门，园艺只是农学一门中的组成部分。民初成立北京农业专门学校，校中分农、林二科。农科分四门，园艺则包括在农科中的"植产学"一门中。20年代前期，北京农业专门学校改为北京农业大学，园艺才独立出来，成立了园艺系。东南大学于20年代初成立园艺系。金大在1916年已开设园艺课程，但至1928年才成立园艺系。30年代设有园艺科系的高等农业学校渐渐增加，到1937年全国有高等农业学校21所，其中12所设有园艺科系。40年代初增至16所。到40年代末更增至23所。每年毕业学生约200人。

至于中等农业学校，则以江苏省立第二农业学校设置园艺科为最早。该校是民初由苏州府办的农业学堂改组而成，可能在改组以前已设园艺科。该校园艺科因为历史悠久，又向为学校所重视，因而师资设备都相当充实，为其他中等农业学校所不及。

中外园艺作物的交流，农业学校是一条主要渠道。农业学校的园艺科系常从国外引进园艺作物，同时也把本国的园艺作物传播到国外去。19世纪后期，外国的一些蔬果花卉种苗曾由外侨带到中国来。但外侨携带来华的园艺植物零星分散，数量有限，种类也不多。用科学方法有计划地引进外国的园艺作物，主要是农业学校进行的。例如金大园艺系把引进外国园艺作物作为一项重要工作。该校栽培从美国输入的蔬菜花卉，繁殖种子，改进采种方法，在国内传播销售，同时受美国某种苗公司委托，在中国代销其蔬菜花卉种苗。其他如岭南大学、东南大学和江苏第二农业学校的园艺科系，也从事中外园艺作物的交流传播工作。此外，在上海等大都市有中外商人开设的花卉果蔬种苗商店，代外国的种苗公司销售种苗，这是外国园艺作物传入中国的另一渠道。

 ## 果树业的改进

中国近代果树业的改进，主要是从外国引进优良品种的果树苗。零星引进，分散栽种的，已难于稽考。数量较大，直接从国外采购，运来中国经营果园者，在早期以旅华外侨为多，但也有中国商人。引进的果树苗，在北方主要是葡萄、西洋苹果和西洋梨。例如1871年在山东烟台传教的美国传教士耐菲（John L. Navin），从美国购得13个苹果品种、18个西洋梨品种和若干葡萄品种，还有樱桃，在教堂之侧开辟果园栽种。又有德国侨民在青岛经营果园，英国侨民在威海卫经营果园，法国天主教传教士从法国带来葡萄苗，在北京阜成门外天主教堂侧辟地栽种。

中国商人从外国采购果树苗，数量最多的是烟台张裕酿酒公司。该公司成立于1892年，用葡萄酿酒。为了提高酿酒葡萄的品质和增加葡萄酒的产量，曾从欧洲采购多个品种葡萄苗共120万株。这次从欧洲运苗来华时，途中未注意保护，结果大部分烂坏。不得已第二年又从欧洲买葡萄苗120万株运到烟台栽种。

19世纪末20世纪初，山西省农工局为经营果园，也曾从法、德、美等国选购17个品种的葡萄，在太原栽种。1935年青岛果产公司从美国购得"青蕉"等品种的苹果苗 4000 余株。西洋苹果品质优于中国原有的苹果。自清末以来不断从国外引进西洋苹果，中国原来的苹果品种渐被淘汰。

20 世纪二三十年代，岭南大学曾从美国引种柑橘品种到广东栽培。华西大学也曾从美国引进苹果和柑橘到成都。美国有些柑橘品种的远祖，其实是中国的甜橙。据考证，1516 年葡萄牙人把中国甜橙带回里斯本，后从葡萄牙传到西班牙，再传到南美洲，又由南美洲传到美国。中国甜橙在欧美经过改良，过了 400 多年，又以美国的品种引进到中国来。

中国的果树科技工作者认为，引进外国果树的优良品种固然十分必要，但我国拥有丰富的果树资源，因此改良果树品种不能单纯以引进外国品种为满足，还应该对祖国的果树资源进行研究发掘。因此自 20 世纪初以来，很多果树科技工作者对各种果树品种进行调查分类的研究。岭南大学的高鲁甫也曾致力于龙眼、荔枝、凤梨、柑橘等华南果树品种的调查分类，并研究其繁殖育苗的方法。

在各种果树中，柑橘的经济价值较高，因此果树科技工作者对柑橘的研究更为重视。例如 1934 年浙江省设园艺试验场于黄岩，1935 年广东在新会成立柑橘试验场，1936 年四川省设园艺试验场于江津。这些试验场试验研究的重点都是柑橘。1938 年农产促进委员会在四川温江设园艺种苗繁殖场，繁殖的也主要是柑橘。1939 年岭南大学设柑橘试验场于广东潮阳。1941 年农林部委托中山大学在广东化州成立柑橘试验场。

1943年中国农民银行在四川金堂、江津、简阳三县各设一个园艺推广示范农场，推广示范的主要也是柑橘。其中江津场曾引种繁殖推广外国引进的柑橘品种。各试验场对柑橘都进行系统的选种和品质检定。

除果树的品种改良外，30年代，园艺工作者对果树的栽培技术、果品加工和运销等也进行了改进。抗日战争前夕，沿海各地有果品加工、制作罐头的工厂近百家。果品加工业的兴起，推动了中国果树种植业的发展。

 ### 蔬菜品种的引进和改良

蔬菜种类繁多，不能缕述，这里只说说近代从国外引进的几种。

我们现在常吃的蔬菜如甘蓝、花椰菜、番茄、四季豆等，都是近代从国外引进来的。据考证，18世纪初，番茄已传到中国，当时可能作为观赏植物。国人食用番茄是20世纪初才开始的。在近代，这种食用番茄品种，不止一次地从欧美引进来。1943年，中农所还从美国引进早熟、高产和晚熟、肉厚、多汁的两个品种的番茄。花椰菜第一次传入中国是在19世纪中叶。1896年，甘蓝首次由俄国传到黑龙江，后来也还从其他地方传入中国。1945年，中农所又从美国引进两个品种的花椰菜。同时引进甘蓝、胡萝卜和四季豆各一个品种。

清末民初以来，农业机关、学校或个人从国外零星引进不同种类、不同品系的蔬菜是很多的，以上所述不过是其中的几个。在引进西洋蔬菜的同时，中国的蔬菜也输出国外，如大蒜、姜、辣椒、大白菜、萝卜、大葱均有出口，而以输往日本为多。华南蔬菜的种苗出口，主要输入南洋、菲律宾、暹罗（今泰国）等。

草莓大约是19世纪末传入中国的，民初有些农业学校已有栽培。20年代初金大曾从事草莓的栽培试验。东南大学农科则从法国引进优良的草莓品种。以后草莓栽培渐渐普遍。1944年美国华莱士副总统来华，曾带来白兰瓜的种子。这是中国引种白兰瓜之始。草莓和白兰瓜不是蔬菜，这里只是附带说一说。

由于气候的原因，南方蔬菜的种类较丰富，北方种类较少，交通闭塞之地，品种更为贫乏。例如陕北一带，因为位于交通闭塞的内地，蔬菜很少，农民也缺乏种蔬菜的经验。红军长征到达陕北后，在延安创立光华农场。在园艺方面，该场曾从外地引进33个优良的蔬菜品种，其中有一些是当地以前没有种过的。为了推广这些新引进的蔬菜品种，约定示范农户栽培，并举办良种蔬菜展览会，组织群众参观。延安《解放日报》特辟《农学知识》栏，广为宣传蔬菜栽培技术。

抗战胜利后，联合国善后救济总署从美国运来大批蔬菜种子。1945年运来2.5吨，由农林部在西南、西北六省及沪宁铁路沿线散发。次年又运来190吨，农林部分南北二组，在南方和北方各省散发。1947年再运来870吨。三年中运来蔬菜种子数量之大，品种之多，散发地区之广，实属空前。但这些种子有些并不符合国人的需要，有些发芽率很低，实际的效果很差。

1947 年农林部在南京、上海、杭州、广州、武汉、西安六地推行蔬菜增产运动，组织各地机关、学校、兵营等举办福利菜园，推广优良菜种，指导栽培技术及虫害防治方法，组织运销合作社等，取得一定成绩。

关于花卉方面，20 世纪初以来，上海等几个大都会近郊有以栽培观赏作物为业的花圃，市内有卖鲜花的商店。农业院校的园艺科系、植物研究单位及公私花园等，除种中国原有的植物外，也引种外国的观赏植物，使栽培的花卉种类日益增多。有些花卉爱好者对多种花卉如兰、菊、牡丹、蔷薇、杜鹃等进行调查分类及品种选育等方面的研究。

造园也是园艺中的一个内容。在古代，中国有些城市或其近郊，往往有精美的花园别墅。这些花园别墅大抵为私家所有，是文人雅士聚会、豪门富贾消磨悠闲岁月所在。那时很少有供一般人民大众游憩的处所。过去上海租界中的几处公园，大概是中国境内最早的所谓"公园"。不过这些"公园"是帝国主义租界当局为外国侨民和"高等华人"游憩而兴建的。进入 20 世纪后，一些大中城市利用具有一定条件的公地，栽花植木，垒山凿池，辟为公园。有些私家花园亦开放供大众游憩。在近代新建的园林中，以南京的中山陵园最为有名。1926 年动工营造中山陵的同时，开始开辟中山陵园，它把伟大革命先行者孙中山的陵寝和山林园圃、楼台亭榭等连为一体，使原来荒芜的紫金山变为闻名遐迩的名胜风景区。

七　垦殖业略述

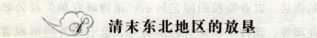

清末东北地区的放垦

选育良种，种植具有丰产特性的良种，可以提高单位面积土地上的产量。开垦荒地，扩大耕种面积，则是增加农产品总产量的一条重要途径。自 20 世纪初，有些地方的地主绅商开始集资组织垦牧、树艺等公司，向政府申请承领公荒进行开垦；有些地方官厅，划出荒地，安置灾民，垦荒自救；也有无地可种的穷困农人，相互结伴，进入深山，零星垦种，借以维持生活。政府放垦的目的不同，垦民垦种的方式也不一致，难于缕述。这里只就清末东北放垦、民初苏北盐垦和抗战期间难民移垦略作叙说。

东北地旷人稀，清初大量旗民随清王朝相率入关，荒芜之地甚多。顺治年间已招民在辽东开垦，康、雍两朝亦允许前往垦种。至乾隆初年，清廷认为东北乃王朝发祥之地，不愿大批汉人前去耕垦，乃厉行封禁，于古北口、喜峰口等处设关查禁垦民来往，改变了原来的开放政策。

19世纪初，封禁政策渐渐放松。当时到东北垦荒的主要是华北地区的灾民，尤以山东农民为多，俗称"闯关东"。他们在关内无法维持生活，乃到关外去谋生。1803年时，清廷针对这一情况规定：关内地方"若遇荒歉之年，贫民欲移家谋食者"，应得到督抚批准后始可出关。鸦片战争后，禁令更加松弛。后来完全放弃封禁政策，正式规定，只要向有关官厅办理一定手续，向政府缴纳捐税，即可承领荒地，进行垦种。民初北洋政府沿袭清末的放垦办法，颁布《国有荒地承垦条例》及施行细则，规定荒地领垦手续，按照土地类别及承领面积多少，制定不同地价。清政府和北洋政府的荒地放垦，都是着眼于垦荒捐税和荒地地价的征收上。

20年代，由于关内一些地方人口过密，谋生不易，前往东北的人更多。那时统治东北三省的军人，为加强实力，也乐于招民垦殖。为了招徕关内人前去垦殖，给予火车票减价优待，又有援助垦民建筑房舍等优惠办法，以吸引关内更多贫困农民到东北去。据估计，1923年至1927年，关内移往东北约300万人，其中85%从事耕垦。

东北与朝鲜及俄国接壤，据估计，1913年居留东北的俄国人约有70000人，但从事农业的人很少。九一八事变前夕，居留东北的朝鲜人在130万到200万人之间，其中绝大部分是农民，以种植水稻为主。东北有灌溉条件的水田，大多为朝鲜人所占用。所产稻米大部分运往日本。日本人居留东北者也很多。九一八事变后，日本计划移民 300 万到东北。在东北的日本人，从事垦殖者不多，因为垦殖比较艰苦，他们对农活也不像朝鲜人和关内去的中国农民有丰富的种田经验。他们大多在侵华机构和工商企业中任职。

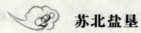

苏北盐垦

苏北沿海，南起吕四港，北至陈家港，绵长 400 余里，西以范公堤为界，东迄于海，平均宽约 50 里，是一条狭长的沿海滩涂，面积 2000 余万亩。这一条滩涂，两千年前还沉睡海底。两千年来，由长江、黄、淮等河流从上游夹带的泥沙受海潮顶托而沉积下来，年深月久，愈积愈厚，终于露出海面，成为陆地后，海水虽退，土壤中含有大量盐分，不能生长植物。后因雨水淋洗，盐分下降，开始生长茅草。居民汲取海水，收割茅草以煎盐。19 世纪后期，这些地区的煎盐业衰落，部分盐民废灶兴垦，进行小面积的垦殖。

盐垦区土壤适宜于植棉，此时实业家张謇正在南通兴办纱厂，盐垦植棉可以为其所经营的大生纱厂提供原料。张謇在取得两江总督刘坤一的支持后，即于 1901 年成立"通海垦牧公司"，开垦南通、海门两县 12 万亩荒滩。这是苏北盐垦区最早的盐垦公司。

通海垦牧公司将 12 万亩荒滩划为 4 个区，各区划为若干堤，每堤分为 5 个塥，每塥占地 20 亩，塥是长 80 丈、阔 15 丈的一块长方形土地。堤的四周有 2 丈阔的界沟，塥的四周有 1 丈阔的塥沟。因为地处海滨，进行垦殖，首先必须筑堤建闸，以防海水的侵袭。又因土壤含盐分高，耕垦之前，必须开河挖渠，与上述的界沟、埝沟相连接，以便淋盐洗碱和灌溉排水。耕垦的时候还要种青、盖草、蓄淡和挑生泥。"种青"，就是先种植绿肥等作物，以改良土壤的理化性质；"盖草"即在田面上铺盖一层杂草，以降低土面水分蒸发，抑制土壤返盐，同时也增加土壤中的有机质；"蓄淡"就是在田块的四周筑埝，借以蓄积雨水，达到淋盐洗碱的目的；所谓"挑生泥"，是将开挖沟渠掘出的泥土铺在田里，以抬高田土，降低地下水位。这些措施都是农民在长期生产实践中积累起来的改良盐碱土的方法。通海垦牧公司重视垦前的水利工程和垦时的盐土改良，经营管理也比较得法，其时又正值第一次世界大战期间，棉花及棉纺品价格高涨，通海垦牧公司获得较高利润。于是新的盐垦公司纷纷兴起。许多官僚、军阀、大地主、大资本家都投资到苏北盐垦事业中来。在 1920 年前的三四年中，新成立的盐垦公司大小达 40 余家。1920 年以后的十多年中，新的公司还陆续增加，到抗日战争前夕，南起吕四港，北到连云港，共有大小盐垦公司 77 家。大公司占地数十万亩，小公司占地数千亩。这些公司大多参照通海垦牧公司一套办法进行规划开垦，也有一些公司目的在于用低价圈占土地，等待地价上涨时出售，根本没有开垦的打算。

　　许多公司在向政府机关办理报垦手续后，即在荒滩上动工筑堤、开河、建闸。这些水利工程部分完成后，便可以将不受海潮袭击，排灌较有保证的地方放垦，有的公司放垦其圈领土地的五六成，有的则放垦一二成。也有公司财力不足，水利工程尚未完成而资金告罄，不得不停顿下来，任其荒废。据估计，苏北沿海共有土地1300万亩，30年代初开垦的尚不到200万亩。

各家公司放垦的土地基本上都是租给佃农垦种，只有个别几家公司划出小面积土地自己雇工耕种，作为盐垦的试验。佃户向公司租垦土地，公司则以种种办法剥削佃户。佃户向公司交租，所定租额往往也不合理。垦种时盖草、施肥、挑生泥等改良土壤的工作，则由佃户负担。改良土壤可以增加收成，但佃户在这方面须付出很多工本。盐垦区佃户交租采用分租制，即秋收后佃户将收获所得按一定比例向公司交租。因为实行分租制，由于改良土壤而增加的收成中的一部分，将在分租中为公司所有，因此佃户当然不愿在改良土壤上多投工本。事实上，佃户穷困，劳动强度大，也无力多投工本。粗放耕作必然产量很低。年景较好，佃户尚能糊口度岁，稍遇歉收，便难以维持生活了。

30年代，只有张謇创办的通海垦牧公司，其弟张詧创办的大有晋、大赉等公司收益较好，尚有几家公司亦能勉强维持。多数公司或因资金不足，或因经营不善，管理人员侵吞贪污，挥霍浪费，再加上不时发生自然灾害，负债累累，濒临破产。国民政府统治江苏后，曾有官商合资经营苏北盐垦业的设想，但因经费没有着落，未能实现。

❸ 抗战期间后方各省的垦殖事业

抗战期间，沦陷区内，在敌人的铁蹄下当然谈不上垦殖。未沦陷的后方各省，情况和沦陷区不同，从沦陷区转移到后方的难民和战争中伤残的官兵能在垦殖事业中安置，最为适当。抗战初起时，政府即考虑加强垦殖工作。战时开展垦殖工作的目标是：增加农业生产，以支持抗战；举办难民垦殖，寓救济于农业生产之中；实行荣誉军人屯垦，使伤残官兵有参加农业生产的机会；奠定战后移民屯垦的基础。

抗战之前，西南、西北各省或多或少都办过一些垦殖事业，例如陕西省早就划黄河以西、洛河下游以东的大面积土地为"黄龙山垦区"，在那里移民垦荒。四川省军阀割据时期，军阀各霸一方，在其统治地区也办理垦殖，如岷江上游，川北的松潘、汶川一带是一个垦殖区；川南大渡河和金沙江之间的雷波、峨边、屏山一带也是一个垦殖区。军阀利用垦民增加生产，以满足他们扩充军队的需要。

抗战初期，内政、经济、财政、赈济等单位会同办理垦殖事宜，制定了《非常时期难民移垦条例》。1940 年农林部成立，设垦务总局，统一管理垦殖。江西是垦殖方面很重要的一个省。1940 年，农林部的垦务总局和江西省分别举办垦务人员训练班，教育部亦办农垦班。复旦大学在重庆复校后，设垦殖专修科。

多方面培训垦殖人员，说明战时国家对垦殖工作的重视。

抗战期间，后方各省对原有的垦殖单位进行调整、扩充，并增加新的垦区，以容纳较多的难民。在陕西，农林部垦务总局曾将省办的黄龙山垦区改为国有，并在陕西西南部增设黎平垦区，在四川省则设置了两个垦殖实验区。江西省先在吉安等5县成立垦殖区，并划南丰等11县安置难民，后增至45县安置难民。到1941年，全省设垦殖场41处，容纳垦民万余人，垦地36500亩。后因外省流入的难民不断增加，垦民增多，垦地亦随着扩大。据抗战胜利时的统计，四川等后方12省，共垦地125万余亩，容纳垦民25万余人。

抗战结束后，后方各垦区因难民返回原籍，垦民减少，战时兴起的后方垦殖事业遂萎缩下来。原沦陷区内则是另一种情况。农林部于1946年接收日伪华北垦业公司所占用天津塘沽一带的荒地30余万亩，成立"河北垦殖农场"，容纳垦民3500余人，用机械耕垦；又利用联合国善后救济总署提供的拖拉机等机械在东北及黄泛区建立机耕农场，复耕复垦40多万亩荒地。国民政府国防部则接收日本人在东北办的移民垦殖区的垦地，组织转业官佐耕垦。这些垦殖农场，新中国成立后都先后回到人民手中。

近代中国垦荒效率最高、规模最大的是陕甘宁边区。据估计，陕甘宁边区各县荒地面积约8000万亩。1939年春，边区政府计划垦荒60万亩。对此，共产党和边区政府事前进行了深入的动员，广泛发动群众，规定各级机关干部、学校师生和留守部队，以及年龄在 15 岁以上 50 岁以下的居民，一律参加垦荒。经过一年努力，共开垦播种 1055834 亩，超过计划 45 万余亩。原定计划植树 60 万株，结果栽植 1392116 株，成活率在 2/3 以上。

八　林业改进

国家规定植树节

林业在人们经济生活中的重要性不亚于农业，因此改进林业也和改进农业同样重要。近代兴办的农业学校中大多设有林科，设置农业试验场，也设置林业试验场。30 年代初成立中央农业实验所，所内设有林业机构。40 年代初更成立中央林业实验所，与中央农业实验所并立。下面从几个方面叙述近代林业改进的情况。

1915 年春，主管全国农林业的农商部曾雇工在北京西山植树造林。为了提倡植树造林，农商部也曾动员部内一部分职工到西山种树。其实清明节前后，在自己宅前屋后或先人坟墓上种树，早就在民间广为流行。

也就在这一年的清明节，金陵大学教授斐义理传教士，因事下乡，他看到山坡上有一些人在祭坟扫墓，又有一些人在墓地四周种树，便询问同行的中国人，知道中国向有清明节扫墓种树的风俗。他认为这是一个很好的风俗，值得提倡，于是写信给北洋政府农商总长张謇，建议由政府规定，每年清明日为植树节，开展群众性的植树造林活动。张謇采纳了斐义理的建议，通令全国，规定从 1916 年起每年清明为植树节，要求各地每年在这一天召集各界人士集会，举行仪式，然后开展植树活动。

1916 年清明节，北京市各界代表齐集颐和园前的广场，隆重举行植树典礼。随即在颐和园附近划定的荒地上种树，许多省、县这一天也举行仪式，发动群众植树。自此以后，每年植树节都循例举行。1929 年国民政府改以孙中山逝世的 3 月 12 日为植树节。在新中国成立之前的 30 多年中，许多地方年年植树节都坚持种树，可是林木却未见增加，原因是栽种草率，种后又不注意管理，成活率很低。植树节种树在很多地方实际流于形式。

三千里行道“左公柳”

据记载，中国早在春秋战国时代已在道路两旁种树。近代发动种行道树最有名的是左宗棠。左宗棠从 1866 年任陕甘总督，进军新疆，督办新疆事务时，即命令所率领的湘军东起潼关，西至迪化（今乌鲁木齐）修筑大道，并由军队在道路两侧栽种杨柳等树。对所种之树，严令军民周密保护，规定如有无故毁树者，以军法从事。因为这些行道树是在左宗棠推动下栽种起来的，所以被称“左公柳”。据统计，自陕甘交界处

的长武县，到甘肃的会宁县，相距 600 多里，即植树
26 万余株。从陕西到新疆，全程数千里，中间除有碱
土沙碛之地外，其余都种植树木。植树之多，可以想
见。

19 世纪 70 年代，左公柳树已拱把，生长茂盛。后
人赋诗赞扬道："大将筹边尚未还，湖湘子弟满天山，
新栽杨柳三千里，引得春风度玉关。"左公柳的栽植，
确是中国近代植树造林史上的空前盛举。左宗棠于
1880 年调回北京后，30 多年，左公柳无人过问。到清
末民初时，有的树老枝枯，有的被砍伐留下残桩，当
年整齐挺拔的景观已不可复见。

 调查考察树木森林和水杉的发现

调查考察中国有哪些树木是发展植树造林，改进
林业首先应做的工作。最先系统从事此项工作的可能
是民国初年在北洋政府教育部任职的植物学家钟观光。
每逢假日，他常往北京近郊调查植物。当时任教育总
长的蔡元培也常结伴前去，在西山等地采集标本。后
来钟观光在北京大学任教植物学，先后赴华南、华北
及长江中下游各省调查考察植物，共采集标本 15 万余
种，创建了北京大学的植物标本室。在 15 万种标本
中，有一部分是树木。

林学家深入林区调查考察的主要都是树木。先后
在江苏省立第一农业学校林科、金陵大学林科执教的
陈嵘教授也早在民国初年即开始调查考察林业，后将

其历年调查考察所得资料编成《中国树木分类学》一书，书中收录了 2550 种树木，分条叙述各种树木的形态、产地、用途等，附图一千余幅，是第一部比较系统论述中国树木的专著。

20 世纪的前 40 多年中，从事调查考察树木林业的植物学家和林学家虽然并不很多，但对水杉的调查考察却是一个重要发现。

1941 年冬，中央大学森林系教授干铎，从鄂西去重庆，路经川鄂交界处利川县的谋道溪（亦称磨刀溪），看到路旁一株落叶大树，当地人称之为"水杉"，干铎等从未见过这种树。当时正是冬季，叶已落尽，没有采到标本，无法进行鉴定。

1943 年，中央林业实验所研究人员在鄂西神农架考察林业时，路过利川县谋道溪，采得这株树的枝、叶、果实等标本，最初误认此树为水松。中央大学树木教授郑万钧认为此树枝叶虽似水松，但和水松稍有差别。为慎重起见，中央大学森林系又两次派员前往利川采取此树的花、果、枝、叶的全部标本，并调查其在鄂西的分布情况。经与静生生物研究所植物分类专家胡先骕共同研究植物化石，确定此树为水杉属中的一种。水杉属植物在六七千万年以前曾广布于北美、西欧、格陵兰、西伯利亚、日本和中国的北部地区，后经地球上一次气候变化的大冰期，全部灭绝。谋道溪一带的水杉是这次大冰期的孑遗树种，因而称此树种为活化石。

这次水杉的发现，引起世界各国植物学家和古生物学家的极大兴趣。水杉可用播种和扦插等方法繁殖，生长较快，木材轻软，适用于建筑及制造某些器具，也可作为观赏植物。从 20 世纪 40 年代到现在，中国将其广为繁殖，用来植树造林。世界很多国家也纷纷引种，现在亚、欧、美、澳等洲，已有五六十个国家和地区栽种水杉。

 ## 4 "江苏教育林"

民初，大规模造林成绩显著，并为社会所瞩目的是，南京对江老山的"江苏教育林"。

1915 年，江苏省立第一农业学校（简称"一农"），计划在南京对江，距浦口十余里的"老山"为其林科开辟实习林场。老山原来并非荒山。19 世纪 50 年代在清军和太平天国对峙的战争中和战争以后，常有人前去砍伐樵采，以致全山木尽草枯，土层流失。一农即计划利用老山大规模造林，却苦于没有经费。

北洋政府教育部无法筹集教育经费，曾提出指拨荒山造林，以其收益作为教育基金的设想。于是，一农乃倡议在老山营造"江苏教育林"。经与江苏各省立学校协商，议定各校按月以其经费的 2% 交给一农，供造林之用，其组织类如股份公司。一农用此经费逐年在老山植树造林，另在林区划出一定面积作为学生的实习基地。数年后，林场已有收益，每年乃以收益的 60% 按股份多少分与任股各校，其余 40% 供林场开支和留作公积金。

从 1916 年到 1932 年的 17 年中，该林场共培育树苗 90 余万株，造林 18 万亩，植树近 7000 万株。17 年中共支出经费 48 万余元，而该场积累的产业约值 220 万元。经过十数年努力，终于把原来一座荒山覆盖上郁郁葱葱的森林，同时林场的收益给江苏教育事业提供了经费，也为全国荒山造林起了示范作用。

 ## 森林资源横遭掠夺破坏

中国森林一面营造种植，一面遭滥伐破坏。破坏超过种植，森林面积越来越少。在近代，森林资源蕴藏最丰富的东北地区，所受到的滥伐破坏最为严重。

为了增加财政收入，从 1878 年起，清廷开始以征收"木植税"为条件，准许木商去东北入林采伐。于是中外木商与官方勾结，组织木材公司。尤其是日本和沙俄木商，以"中日合资"或"中俄合资"的名义成立木材公司，各占林区，进行掠夺式的采伐。19 世纪末，沙俄在东北建造"东清铁路"（即中东铁路），需用大量木材，全部免税采伐，铁路两侧 50 里以内的森林砍伐殆尽。日俄战争后，日本帝国主义进一步掠夺东北的森林，成立"鸭绿江采木公司"，鸭绿江右侧的森林遂遭摧残。民国时期，东北的森林继续被滥施采伐。九一八事变后，日本人的南满洲铁道株式会社更大规模采伐大小兴安岭的森林。东北森林资源在这数十年中遭到空前浩劫。

其他地区的森林也因政府腐败，听任木商恣意采伐，致使交通便利、木材易于运出的地区，往往童山濯濯。抗战时期，后方木材需求量增加，西南、西北地区的一些森林亦遭过度采伐。森林被破坏，导致水土流失，气候恶化，大大影响了农业生产。

 ## 6 茶业改进

茶树是中国的原产，世界各国所种的茶树和制茶方法都是直接间接从中国传去的。茶业在中国农业中有一定地位，近代对改进茶业也曾做过一番努力。茶树虽然也是一种树木，但通常不把茶叶作为林产品看待，茶业更不列于林业的范围之内，这是需要说明的。把它置于林业改进篇之后，只是为着行文的方便。

在 19 世纪 20 年代以前，中国是唯一出口茶叶的国家，所产茶叶在国际茶叶市场上处于独占的地位。后来，印度、锡兰（今斯里兰卡）、印尼亦出口茶叶，与中国的茶叶相竞争，其实这些国家种茶，不但都是从中国传去的，而且时间亦不甚远。据记载，1780 年英国东印度公司把茶子从广州带到印度，最初种在加尔各答英总督家中。锡兰于 1839 年才开始种茶。据说茶树于 1684 年已传到印尼，不过印尼的茶业是 1782 年由荷兰商人把中国茶树苗带到爪哇后才发展起来的。

印度于 1838 年开始有茶叶出口，锡兰、印尼出口茶叶更迟一些。但到 19 世纪七八十年代，它们出口的茶叶在数量上和质量上已赶上并超过中国，中国在世界茶叶出口国中的地位已降到第四位。由此才引起国人的注意，惊觉如果不加改进，我国所产的茶叶实有被挤出国际市场的危险。

近代茶业改进最初是由管辖苏、皖、赣三省的两江督署发起的。1905 年两江督署派员赴印度、锡兰考察茶业，回来后，在南京近郊的紫金山、青龙山开辟茶场，仿照西法种植茶树和制茶，接着又举办南洋茶务讲习所。经过数年试行，因成绩不佳而停废。1907 年，四川省开办"通省茶务讲习所"，1910 年迁往灌县，不久停办。1920 年又在成都成立四川省立高等茶业学校，此校一度迁往灌县，后返成都，1929 年改称省立高等茶业专科学校，两年后停办。1915 年四川省又在宜宾县创办茶业试验场，设制茶厂，试图改进边茶的制造，此试验场 1917 年便停办了。

1909 年湖北省在羊楼峒设模范茶场，并成立"茶园讲习所"。1912 年此茶场停办，不久恢复，并改名"湖北茶业讲习所"，1915 年裁撤。五年后成立茶业试验场，中间办办停停，1932 年彻底停办。

皖南是茶叶重要产区。1915 年北洋政府农商部在安徽祁门设模范茶场，在休宁开办茶务训练班，后因经费无着，训练班停办，茶场划归安徽省续办，改称"安徽省立模范茶场"，旋又改称"安徽省立茶业试验场总场"，在秋浦（今属东至县）设分场。1934 年该场改为全国经济委员会、中央实业部和安徽省政府合办的"祁门茶业改良场"。

湖南省 1917 年在长沙成立茶业讲习所，后迁安化县，几经改组，成立安化示范茶业场，浙江亦于嵊县设茶业改良场。

江西修水，古称宁州。1915 年，粤沪茶商联合修水士绅，集银十余万两，创办"宁茶振植公司"，在修水东泰乡开辟茶园 1500 亩，购置制茶机械，经营茶业。后因在生产上与当地人士发生矛盾等原因，营业不振，归于失败。从 1927 年起，该公司股东无意继续经营，勉强维持，处于停顿状态。

以上是自 1905 年两江总署发起改进茶业起，20 多年中长江流域各省所设茶业机构的概况。这时期，这些省都先后成立了茶业试验场和茶业讲习所、茶业学校等。由于政局动荡，经费困难，这些茶业试验场和茶业教育单位，时办时停，很少有成绩。

国民党统治长江流域后，政府计划改进和发展这些地区的茶叶生产。宁茶振植公司地点适宜，有较好的设备。该公司股东既已无意继续经营，1933 年，中农所和实业部直属的上海、汉口两商品检验局合作租用该公司，改称"修水茶叶改良场"，研究种茶、采茶及制茶方法的改良。1934～1935 年，全国经济委员会拨款资助长江中游及福建等省的茶场，进行茶树选种及栽培等试验，添置制茶机械，改进制茶技术。全国经济委员会的资助，更侧重于安徽和江西两省茶业产销方面的改革。1934 年，该委员会会同实业部及安徽省政府组成祁门茶业改良委员会，以祁门茶业改良场为中心，改良安徽的茶业。全国经委会又与皖赣两省联合，成立皖赣红茶运销委员会，统制两省所产红茶的运销，所谓"统制红茶运销"实际上就是把两省出口红茶的收购运销业务由茶商那里转移到金融资本家手中。1932年，祁门茶业改良场开始在其所在地祁门县平里村帮助茶农组织茶叶运销合作社，开中国茶业合作事业之先河。对此，全国经委会积极支持，使茶叶运销在皖、赣两省迅速发展。

另外，上海商品检验局和汉口商品检验局分别于1931年和1932年开始办理茶叶检验，这是为茶叶出口服务的。但也可以说它间接推动着中国茶业的发展。为了发展茶业，政府又于1937年6月斥资成立"中国茶叶公司"（简称"中茶公司"），但这时已是抗战前夕，一个月后七七事变便爆发了。

抗战期间，中茶公司负责办理全国茶叶的统购统销业务，统一了茶叶产制运销系统。为此，该公司在东南及西南各省设立自营或与各省府合营的茶厂。例如曾在安徽的祁门、屯溪和四川的灌县开办实验茶厂，又与福建、云南合办茶厂多处，也在湖北、江西、广西等省设茶厂。中农所和中茶公司也在贵州湄潭合办茶业实验场。办理战时对外贸易的财政部贸易委员会则于1941年在浙江筹设"东南茶业改良场"，后改为中国茶业研究所，并移至福建崇安。抗战以前，茶业改良工作局限于皖南和赣北，抗战期间则遍及东南、西南各省。

这时期各省的茶场茶厂都取得了一定成绩。例如浙东的平水茶场对绿茶的手工和机械制茶方法都进行了改革，推广了木质手摇揉捻机。云南茶厂用大叶种所制红茶品质极佳，销售国外颇得好评，又设计了双桶木质揉茶机、兽力揉茶机、筛分机等，江西的茶业改良场也设计了一种效率较高的筛分机。

抗战期间，由于茶业改进取得较大发展，茶业人才便日见不足。为此中茶公司于1940年开办高、中级茶业技术人员训练班。同年，又资助复旦大学增设四年制的茶业系和三年制的茶业专修科。在此之前，中山大学、安徽大学虽曾开过茶业课程，但未设茶业科系。复旦大学是中国最早设置茶业科系的高等学校。接着浙东的英士大学亦设茶业专修班。此外，福建、湖南、安徽有部分中等职业学校也增设茶业班。有一些茶业改良场亦开展茶业人员的短期培训。

新中国成立后，更加强了对茶业技术的改进。1954年，全国已有20个茶业试验场，从事改进种茶、制茶方法的试验研究。重点茶区普遍设立茶业技术指导站，推广改良的种茶、制茶技术。由于技术的改进，单位面积产量得以提高。1949年，一般亩产毛茶三四十斤，1958年平均亩产毛茶100斤。与此同时，茶园面积也不断扩大。1949年，全国有茶园200万亩，1952年扩大到350多万亩。1952年全国茶叶总产量为160余万担，比1949年增加一倍。

九 农具、施肥、病虫
防治的改进

从"火犁"、电灌说到农机教育

19世纪后期，国人对西洋事物最赞赏的是机器。在农业机器中最引人注目的是"火犁"。所谓"火犁"，就是用拖拉机牵引着犁耕地。火犁耕地速度快，效率高。不过火犁价格昂贵。清末民初的火犁很多是用煤油为燃料的。用火犁耕地不仅费用高，而且维修保养在一般农村中也是问题。

据记载，1907年，东北只有一两家大型农场采用火犁耕地，一般农场仍用马拉犁耕地。其后东北的机耕农场渐渐增多。例如1908年，黑龙江的"瑞丰农务公司，其耕皆用火犁"。1909年，美国芝加哥万国农具公司在哈尔滨设支店，说明东北机器耕作此时正在兴起。入民国以后，东北的机耕农场继续发展。1915年，黑龙江呼玛县的机械农场有牵引机5台及其他多种农业机械，1916年，绥滨县的一家农业公司有牵引机2台及其他农机。1917年俄国爆发革命后，部分原来在

俄国境内从事农业的中国人和白俄转移到黑龙江来经营农业，其中规模较大的则用机器耕作。九一八事变后，这些机耕农场大多停歇。这时日本人在东北举办的农事试验场较重视农业机械化的研究。伪满时期创办的农场，很多用机器耕作。新中国成立前，机耕农场基本上都在东北。长江流域农业上采用机械，主要是在灌溉方面。

长江流域及其以南地区，种植最多的是水稻。栽培水稻，灌溉最为重要。过去用龙骨车提水，劳动强度大，酷暑烈日，农人戽水十分辛苦。这些地区迫切需要的是改良灌溉机具。1924年，江苏武进县戚墅堰的震华发电厂因发电过剩，便在附近农村开展了2000亩水田的灌溉。是年这一带干旱，很多稻田禾苗枯萎，此2000亩独得丰收，电力灌溉博得农民赞赏。第二年，该电厂扩大电灌面积达10000亩，至1932年增至46000余亩。以后限于电力，未再增加。继武进震华电厂之后，苏州电气厂、浙江吴兴发电厂和福建福州电气公司也都办电力灌溉，但面积都不大。除上述四厂外，未见有其他电厂办电力灌溉。这是因为当时中国电气事业还很不发达。

早在清末，太湖地区已有人试用引擎带动龙骨车戽水灌田。但龙骨车是木制的，用转动速度较快的引擎去带动它，容易损坏。为此，乃改用国外传入的抽水机提水，效果良好。所用的引擎，民初多用3匹或5匹马力的，后改用8匹以上马力的。民初用煤油引擎，后多改用柴油，这样效力较高，费用也较省。

太湖地区，河流四通八达，机灌商人便把抽水机装在船上，运行到各抽水地点戽水，以充分发挥抽水机的效用。机灌商人为能得到当地绅董的支持，大多和绅董合伙经营。他们采用"包打水"的办法，即把约定区域内的水田，从插秧到成熟全包下来。在插秧之前，机灌商就和所包区域内的农民订立合同，先收二至三成戽水费，其余在稻谷登场后结算。机灌商因有地方绅董为后台，农民不敢拖欠戽水费。

机电灌溉所用的引擎和抽水机等最初是从国外进口的。国产的抽水机由武进厚生铁工厂于1913年首先制成。数年后，上海、无锡等地铁工厂也接踵而起，制造抽水机。上海机器制造工业兴起较早。19世纪90年代，上海的一些铁工厂已制造用引擎带动的砻谷、碾米等机具。这说明19世纪末，太湖地区农产品加工已用砻谷机、碾米机等取代土砻、土碾。民国初年，抽水机渐渐取代龙骨车。

至于耕作用的机具，如棉花条播机、中耕器、改良犁、打稻机、玉米脱粒机等，则是20年代以后，经过农业学校推荐和改良，才设厂制造。东南大学农科于1921年开始研究改良农具，制成棉花条播机、五齿中耕器等，颇受各棉场欢迎。金大农科于1922年开始农具改良研究。20年代中叶，上海中华职业学校附设机器制造厂，生产多种新式农具。为了推销这些农具，该校还专门设立"中华新农具推广所"。20年代末，江苏省建设厅在苏州创设农具制造厂，专门制造各种农机具。其后很多省都开办农具制造厂，制造各种改良农具。

20 年代初，东南大学及金大农科首先开设农具课程。1930 年，金大农学院成立农具学组，除讲授农具课程外，并设农具研究室，曾改良多种农具。抗战期间，该校受农产促进委员会等单位委托，从事某些农具的改良，以适应战时农业生产的需要。

1944 年，美国万国农具公司为便于战后向中国推销农用机具，将多种新式农用机器和农机工厂设备捐赠中央大学及金陵大学的农学院，美国联合叉锄公司也赠送手用农具，以充实这两所大学农学院的农机具设备。当然，美国农机厂商和中国官僚资本集团也有勾结。1944 年，贵州企业公司联合农林部及银行界在重庆成立"中国农业机械有限公司"。抗战胜利后，该公司代表中国向联合国善后救济总署申请提供农业机具。联合国善后救济总署批准提供拖拉机 2000 台，其中 60 台和 20000 余件小农具于 1946 年运到中国，由农林部配发给抗战期间沦陷的地区。这时，美国农机厂商赠送给中央大学及金陵大学的农机具也运到南京。这两所学校的农机设备已相当充实，具备了设系的条件，乃于 1948 年成立农业工程系。

1946 年，中国农业机械有限公司自重庆移到上海，在上海成立农业机械总厂，于 1947 年投产。这个总厂实质上是美国在中国销售农业机械的总装配厂。该公司计划在全国设 18 个分厂和 3000 个铁工厂，以垄断全国的农机业。不过分厂尚在筹建，新中国就成立了。

新中国成立后，政府对农具状况进行了典型调查，了解到农家的农具有的在战争中损失了，有的因长期使用报废了，又一时未能添置，当时所使用的农具仅为抗战前的 1/3，因此增补农具刻不容缓。于是政府采取了以增补旧式农具为主，试行推广新式农具为辅的措施。从 1949 年到 1952 年国民经济恢复时期中，全国共供应旧式农具 5900 余万件，在少数民族地区还无偿发放各种小农具 200 多万件，基本上解决了农家农具不足的问题。与此同时，又在东北、华北平原旱作地区，以租、贷、卖相结合的办法推广部分新式农具。1953 年开始设立农业机器拖拉机站，有计划、有步骤地推广各种改良农具及新式农机具。

 ## 施用肥料的进展

19 世纪以前，农家施用的几乎都是有机肥料。农民们在长期生产实践中摸透了各种有机肥料的性质和不同肥料对不同作物的效应，同时也很了解土壤的肥瘠和应该怎样施肥。因此，他们的施肥一般说是适宜的。

各地土壤千差万别，施肥应以土壤肥瘠和性质为依据。从 20 世纪初起，各省的农业机关、农业学校都试着做过一些土壤的调查鉴定工作。比较系统的土壤调查实际上是从 30 年代开始的。1929 年，金陵大学受太平洋学会的委托，进行中国土地利用调查。调查土地利用也必须调查土壤。为此，该校聘美国土壤学家萧氏（C. F. Shaw）来华，一面讲授土壤学课程，一面抽样调查了一些地方的土壤。不久萧氏回国。

1930 年，北平地质调查所先后聘美国土壤学家波尔顿（Puddleton）及梭颇（James Tharp）来华，对中国土壤进行较系统的调查。调查后写成《中国之土壤》一书，1936 年出版。后北平地质调查所改为中央地质调查所。抗战期间，该所在陕、甘、宁夏及贵州一些县调查。至于各省所进行的土壤调查，以广东省最有成绩。自 1932 年至 1936 年，该省共调查了 30 余县。过去由专业人员进行土壤调查，限于人手，不可能很普遍。新中国成立后，在全国范围内开展了有群众参加的土壤普查鉴定。据报道，在不到十年的时间，全国 79% 的耕地已完成了土壤普查鉴定工作。

近代肥料科学知识是 19 世纪后期开始传入中国的。农民由于缺乏肥料科学知识，施用有机肥料，全凭经验，知其然，而不知其所以然；近代仍和古代一样，用老方法施用有机肥料。所不同的是，进入 20 世纪后，有些农家除施用有机肥料外，也施用化肥。其实西方国家使用化肥，也是 19 世纪中叶以后才开始的。化肥中用得最多的是氮肥，是 19 世纪后期开始使用的。可是在 1905 年时，已有洋商在上海推销化肥。洋商在广州推销化肥的时间，可能还要早一些。

施用化肥不能说是施肥方面的改进，但要发展农业，单纯依靠有机肥料是不够的，不能不用部分化肥。20 世纪初，中国农家施用化肥固然和化肥运输方便、比较清洁等有关，但最主要的原因是化肥价格比饼肥便宜，以及受洋商推销宣传的影响。当时洋商把化肥统称为"肥田粉"。起初很少农家购买。洋商为推销肥田粉，印制了各种宣传品，介绍化肥的肥效和施用方法等，在农村大量散发，其中不免有夸大失实之处。英商卜内门公司还在上海西郊设"肥田粉农事试验场"，在一些作物田中施用肥田粉，以显示其肥效。广州的洋商曾委托岭南大学农科进行施肥田粉于桑园和菜圃的试验，桑树和蔬菜多施氮素化肥，当然叶片茂盛肥大。名为试验，实际是为肥田粉做宣传。

据统计，1921 年全国进口化肥 821255 担，到 1930 年增至 3197039 担，10 年间几乎增加了 3 倍。当时进口的化肥种类很多，但十之八九是硫酸铵。施用化肥的只有沿海几省，广东购用最多。容奇是珠江三角洲的一个乡镇，据记载：1921 年该镇只有三五家商店销售化肥，1922 年增至 10 家，1923 年猛增至 60 余家，这说明 20 世纪 20 年代末 30 年代初，施用化肥迅猛发展。1929 年，进口的化肥，经农矿部检查，合格的有 40 种，其中 20 种为氮肥，6 种磷肥，14 种混合肥，系美、英、法、德、荷兰、比利时、加拿大、智利、日本等国所产。

日本人于 1935 年在大连建成氮肥厂，年产硫酸铵 20 万吨，其中七成运往日本。广东亦有一家中国人自己办的生产硫酸铵的小厂。这时实业家范旭东，鉴于每年大量进口化肥，利权外溢，乃奋起创建永利硫酸铵厂于南京对江的卸甲甸（今南京市大厂镇），年产硫酸铵 10 万吨。该厂的建成，不但是中国化工事业，也是农业的一件大事。该厂于 1937 年投产，开工仅半年，抗日战争就爆发了。抗战胜利后，联合国善后救济总署向中国提供化肥。1946 年运来 23.6 万吨，分配给苏、浙、闽、粤及台湾五省。1947 年联总的化肥继续运来，永利硫酸铵厂也恢复生产。这年的化肥大部分供应台湾，小部分配发给苏、浙、闽、粤、陕、豫六省。陕、豫两省农民是 1947 年才开始施用化肥的。

新中国建立后，施用化肥虽不再限于沿海及豫、陕几省，但农民习惯施用有机肥料，政府亦号召多用有机肥料。1950 年，农业部关于肥料方面提出的基本任务是："大力增加自然肥料（即有机肥料）的产量，并改善积肥施肥的方法，以改进肥料的质量，而提高其肥效。"对于化肥亦不忽视，提出："增加化肥的生产和供应，以补充自然肥料之不足。"

据估计，中国从 20 世纪 30 年代中叶开始设厂生产化肥，到 1949 年，共生产化肥 60 万吨。1952 年，全国施用化肥 29.5 万吨，其中 10.5 万吨是进口的，19 万吨是国内生产的。1957 年，中国化肥工业有了较大发展，这年共生产化肥 73.5 万吨，超过 1949 年以前十多年生产的总数。1965 年生产化肥 876.6 万吨，更为 1949 年以前十多年总数的 15 倍。不过农业过多地依靠化肥并非上策，农业部仍旧强调以自然肥料为主，提出"自然肥料与化肥配合施用"的方针。

 作物病虫害防治

中国早期的农业学校都开设作物病虫害的课程，

东南大学则于 1920 年首先在农科中设病虫害系。东南大学的病虫害系因大力筹建"江苏昆虫局",为中国以近代科学研究和防治作物虫害起了奠基的作用。这件事要从上海附近一些县棉虫为患说起。

1920 年前后的几年中,上海附近一些县所种的棉花虫害严重。上海棉纺企业鉴于纱厂纺纱所用原棉的供应将因此受到影响,乃请东南大学病虫害系研究防治办法并辅助其经费。该系随即派员前往上海,在虫害最严重的南汇老港设棉虫研究室,进行实地调查研究。

当时苏北盐垦区棉田所受虫害亦烈。苏南的螟害、徐淮一带的蝗害不时发生。东南大学农科主任邹秉文建议江苏省政当局及有关单位成立"江苏昆虫局",作为研究和防治江苏作物虫害的专职机构。此建议得到江苏省署及有关单位的同意。但在经费筹集过程中发生许多周折。经邹秉文的奔走呼吁,克服重重困难,成立江苏昆虫局的方案才确定下来。

邹秉文,江苏吴县人,是最早在美国攻读植物病理学科的中国人。民国初年回国后,先在金陵大学农科任教。1917 年奉命筹建南京高等师范农业专修科,后改组为东南大学农科,任科主任。1928 年负责创办上海商品检验局,任局长。后转入上海银行界,从事农业金融。抗战前期参与领导战时对外贸易。抗战后期,率领中国代表团去美国出席联合国粮食农业会议,被推选为该组织筹备委员会副主席。邹此次赴美,兼任国民政府农林部驻美代表。在美期间曾与美国政府、高等农业学校及农具公司等联系，为中国争得多名去美国学习农科的留学生奖学金名额。邹秉文勇于开拓，热心任事，在中国近代农业改进中有很多贡献。

江苏昆虫局成立方案确定后，即由东南大学病虫害系负责筹备，聘请美国加州大学昆虫系主任吴伟士（C. W. Woodworth）来华任局长。吴伟士于 1921 年底抵华，1922 年元旦便在南京正式成立江苏昆虫局，东南大学病虫害系的教师兼任该局技师或技术员，学生亦常参加该局的科研防治活动。该局与东南大学病虫害系不可分割。

江苏昆虫局曾设棉虫研究所于上海，后迁南通，设蝗虫研究所于徐州，后在徐州、淮阴、东海三处设捕蝗分所；设螟虫及桑虫研究所于无锡，后将螟虫研究所移至昆山。这些研究所在虫害的研究和防治上都有成绩。例如 1927 年，山东大蝗，69 县受灾，灾民达 700 余万人。江苏的徐州、东海一带和山东相邻，因江苏昆虫局预为防治，未受影响。又如 1929 年，镇江沿江地区发生大量蝗蝻，从江边向南迁移，爬上沪宁铁路路轨，火车开到下蜀车站为蝗蝻所阻，扫除后才继续前进。当时下蜀镇上商店不敢大开店门，只在门隙窗洞中做买卖，蝗蝻之密集可以想见。此次蝗蝻大灾发生，亦赖江苏昆虫局的及时防治，农作物未受重大损失。该局还创制用棉油和石碱制成乳剂以治棉虫，又创制以巴豆和肥皂制成乳剂以治桑虫，效果都很好。

1931 年，江苏昆虫局因江苏省政府不愿继续负担经费而停办。

苏南与浙西相邻，浙西亦常有螟害。1924 年，经昆虫学家费耕雨的呼吁，浙江亦成立昆虫局于嘉兴。该局以防治浙西螟害为主要任务，规模很小，只有五六名工作人员，但成绩卓著。1928 年，浙江省政府将其收归省办，扩大人员编制，增加业务内容，除研究防治作物虫害外，还研究防治作物病害。

浙江昆虫局在治虫方面比江苏昆虫局更有生气。该局从 1929 年起，一再举办植物病虫害防治讲习会，又制成病虫害标本在各县巡回展览，以普及病虫害防治知识，鼓励和指导农民防治病虫害，还在许多县农村中，选择条件较好的小学校，特约为"治虫合作小学"，编发防治病虫害教材，以推动农村的病虫防治工作。该局还开展以虫治虫的研究，亦有成绩。

1933 年，该局广泛发动群众，摘除螟虫卵块及水稻枯心苗，用现金收买，以资鼓励。这年全省共收得螟卵 5400 余万块，螟虫幼虫 18 万条。每卵块如以 120 粒卵计算，即相当于消灭了 65 亿粒螟卵于未孵化之前，单此一项对减轻螟害所起的作用已极可观。

继浙江昆虫局之后，江西、湖南、河北等省也在虫害严重时成立昆虫局。但时过境迁，经费困难时，这些省的昆虫局就被裁并了。1930 年广东省成立昆虫研究所，1937 年四川省成立植物病虫害防治所。

1932 年，中农所成立时即设有病虫害系。为摸清情况，该所曾于 20 世纪 30 年代前期，调查过全国的麦类黑粉病，并改进温汤浸种的防治方法，创制了预防小麦线虫病的"麦种选除机"。该所又和中央棉产改进所合作，于 1936 年及 1937 年防治华北及江苏等五省棉蚜虫，面积达 70 万亩。这样大面积的害虫防治是空前的。1941 年，该所与川、滇、黔、陕、甘五省配合，用温汤浸种及药剂拌种方法，防治小麦黑粉病 80 余万亩。抗战期间，中农所还配合后方各省，指导农民防治棉虫 250 万亩。抗战胜利后的 1947 年，中农所、中棉所联合，在全国 14 省的 164 万亩棉区内防治 15 种主要棉虫。

抗战期间最严重的一次蝗灾，发生于 20 世纪 40 年代前期。起因是 1938 年夏，日本侵略军攻占开封，迫近郑州，国民党当局炸开郑州北花园口的河堤，企图借黄河水阻止敌军前进。结果是黄河之水从花园口汹涌向东南泛滥，淹没豫、皖、苏三省 40 余县，89 万人死亡，1250 万人流离失所，豫东沿河荒地扩大至30000 余方里，成为最适于飞蝗滋生之地。30 年代末40 年代初，蝗虫一再发生，但因战争时期无人防治，听其由黄泛区向四方蔓延，播扬于豫、鲁、晋、皖、鄂等省。据 1944 年黄泛区周围 48 个县统计，被害农田在 3600 万亩以上。而这年抗日根据地的太行山区 23个县 879 个村，有组织地发动 25 万人开展治蝗，战线长达 800 里，声势浩大，效果颇佳。

防治病虫害须用药剂及喷洒等工具。最初用的农药，一部分是从国外买来的，价钱较贵。江苏、浙江昆虫局和中农所等都重视研究发掘民间的传统杀虫药草如烟草茎、巴豆、百部、鱼藤、雷公藤、除虫菊等，用科学方法提取有效成分，加以精制。喷洒农药的工具，最初也依赖进口。1934 年中农所和中棉所在南京合办药械厂，三年中共制成各种喷雾器等 3716 具。抗战期间该厂迁往重庆。1943 年，该厂改组为"病虫药械制造实验工厂"。据统计，从 1939 年到 1943 年，该厂曾用国产原料制成农药 4 万余斤，各种喷雾器 2200 余具。抗战胜利后，联合国善后救济总署运来防治病虫害的多种农药 140 余万磅（约合 630 吨），喷雾器等防治器械 2500 余具。新中国成立后，大力发展农用药械工业。1952 年，供应农药 1.5 万吨，防治器械 25.1 万具；1958 年供应农药增至 47.8 万吨，防治器械增至 335.1 万具，有力地保证了粮、棉、油等作物的生产。

十 畜牧兽医业的改进和发展

 家畜的品种改良

　　中国近代家畜品种改良是从军马开始的。1905 年，清政府陆军部在察哈尔（今河北、山西二省的北部）设牧马场，建立模范马群时即注意了马种改良。1906 年，奉天官牧场设总场于镇安县，并成立了 6 个分场，该场从欧洲购买阿拉伯种马百余匹。这些引进的种马，分售于内蒙等地，混杂于土马中，最后都消失了。继奉天官牧场之后，有些地方牧场也从国外引进种马。如山西省于 1921 年从美国购得种马 13 匹，在五台山牧场饲养。也在 20 年代，新疆从苏联购得种马 56 匹，繁殖出一批体格壮健的马匹。不过上述各牧场的改良马种工作都未能持续进行。

　　近代有计划地改良马种，是国民政府军政部设于江苏句容县的种马场所进行的。该场从阿拉伯购买种马 10 余匹，又从澳洲引进种马若干匹，用以改良中国的土种马。抗战开始后，句容种马场迁往贵州，继续用级进育种法改良土种马，同时又在西北设立军马场数处，其任务为繁殖军马。农林部亦在陕西设役马繁殖场一处。

最早从事猪种改良的是岭南大学。该校于1918年从美国引进"约古猪"、"克古猪"、"波支猪"等数种，用以改良中国土种猪。其后燕京大学、中央大学和其他一些学校为改良猪种，也先后从美国引进这些纯种猪。美国纯种猪的优点是仔猪产重高，生长快，饲养6~8个月后即达屠宰体重，背部及腹内脂肪沉积较少，瘦肉较多。但土种猪耐粗饲，可以喂以粗料，而美国纯种猪则不能适应。土种猪对环境适应能力较强，产仔率高，这也是美国纯种猪所不及的。

抗战期间，中央大学与四川省农改所合作，改良四川的"荣昌猪"和"内江黑猪"。当时四川推广荣昌白猪，根绝黑白花猪的繁殖。因为白猪鬃是当时的出口物资。

中国绵羊主要分布在北方，所以近代北方各省都从国外引进美利奴羊等优良品种，以改良中国的绵羊。1906年，奉天官牧场从美国引进美利奴羊，用来改进蒙古羊，以提高羊毛的产量和品质。

1919年，山西省也从澳洲输入美利奴公羊600头、母羊400头，分饲于太原、朔县、安泽三处牧场，先用舍饲，管理较好，羊群增加，后试行粗放饲养，结果羊群退化，死亡甚多。早期从国外买来的种羊，因管理不善，饲养不良，又患传染病而大量死亡。30年代初，山西太原牧场等吸取以往经验教训，再用美利奴羊与本地羊杂交，经过三代杂交后，羊毛品质已与纯种美利奴羊相近。当时华北、东北也有一些牧场从事羊品种的改良。

国民政府于 20 世纪 30 年代初提出开发大西北的口号。1934 年，全国经济委员会在兰州设"西北畜牧改良场"，亦以改良羊的品种为主要任务。

据估计，抗战期间，西北各省有绵羊 3500 万头，但每年春季因牧草不敷，营养不良而大批死亡。羊毛是抗战期间的重要出口物资，全国 80% 的羊毛产自甘肃、宁夏、青海三省。所以农林部于 1940 年又在兰州设"西北羊毛改进处"，并在甘、宁、青等地设推广机构，从事饲料改善和改良剪毛方法的研究和推广。为了改进绵羊的品种，1942 年，该处向新西兰购买纯种毛用羊 150 头，经印度、西藏运到甘、宁、青，用人工授精术与当地土种羊杂交。又从新疆购买种羊数百头，于 1944 年在甘肃永昌用人工授精术配土种绵羊 2000 头。抗战期间，云南和陕西也设立绵羊改良场，改良土种羊。抗战胜利后，联合国善后救济总署运来种羊千头，分别送往兰州、绥远（今内蒙古的一部分）及江苏徐州、浙江湖州绵羊育种场。

牛是最主要的耕畜，中国民间有不少优良的耕牛品种。清末的奉天官牧场和民初农商部的种畜场都曾选购国内著名品种的耕牛，也从国外引进优良的肉用牛及役用牛饲养繁殖。20 世纪 30 年代中叶，西北畜牧改良场从美国购得纯种肉用牛 20 头。抗战后期，因战区耕牛损失严重，农林部曾在川、陕、豫、桂、黔、湘、赣七省设立繁殖站，从事耕牛的繁殖改良，以达到耕牛数量上的增加，亦求质量上的改进。抗战胜利后，又经过数年繁殖，到1951年，水牛虽未恢复到战前水平，黄牛则超过了战前数量。总的来说，近代中国耕牛品种的改良没有多大成绩，乳牛业则有很大发展。

 乳牛业的发展

中国除以畜牧为主业的少数地区外，一般地区的人民向无饮用牛奶的习惯，因此也没有专供挤奶用的奶牛。中国的乳牛业是鸦片战争后随着西洋人的涌入而兴起的。

西洋奶牛最早在什么时候引入中国的？什么地方最先饲养纯种奶牛？这些问题尚有待考证。据初步推断，当在19世纪70年代初或更早几年。因为那时上海已有一些奶牛场。据记载：到1882年，上海及其邻县已有20多家奶牛场，共养奶牛298头。宝山县殷行有一家奶牛场是1884年办起来的，养20头奶牛。该场每天将牛奶卖给停在黄浦江中的外国商船和兵舰上的人饮用。因为商船和兵舰来去不定，该奶牛场牛奶的销售量并不稳定。

1890年上海的奶牛增至548头，其中有一部分可能是中国水牛。1899年增至821头，新增加的牛都是西洋奶牛。20世纪初，上海奶牛超过1000头，水牛均被淘汰。以后上海的奶牛数缓慢增加。据1943年统计，全市有奶牛3130头，日产牛奶35000磅左右。上海乳牛业的发展，不单是因为外侨的增加，而且和中国人仿效西洋人习惯饮用牛奶有关。

北京何时开始有奶牛场？情况不详，估计不会太晚。1889 年时，南京已有 3 家奶牛场，当时南京住的外国人并不很多。20 世纪初，大概也因为国人渐饮牛奶，促使北京和南京等地乳牛业得以发展。1923 年，北京的模范奶牛场从美国购得 12 头荷兰牛。1925 年，南京的鼓楼奶牛场从美国购得若干头荷兰牛。北京的模范奶牛场和南京的鼓楼奶牛场都是当地规模较大、设备较好的奶牛场。1925 年，南京已有 16 家奶牛场。

山西太原的乳牛业始于 19 世纪末。当时旅居太原的西洋人要喝牛奶，他们便买几头中国黄牛，雇用中国工人为他们养牛挤奶。后来太原饮用牛奶的人多了，对牛奶的需求量增加，养牛挤奶又有利可图，于是就有人在教堂附近洋人聚居之处开设奶牛场。1919 年山西在太原办的模范牧场内设乳牛部，从国外购买荷兰牛，并请熟悉乳牛业的外国人为其规划。

20 世纪 20 年代是中国乳牛业的发展时期。据统计，1927 年全国进口西洋奶牛 5267 头；1928 年进口 4248 头；1929 年进口 3789 头。30 年代进口奶牛数逐年减少。从国外进口的奶牛多数是母牛，也进口少数纯种公牛，用以改良牛种。有些奶牛场将西洋奶牛与中国黄牛杂交。1941 年，西康的康定奶牛场还以荷兰公牛与母牦牛杂交。1934 年，西北畜牧改良场从上海购买纯种奶牛，以发展西北的乳牛业。1946 年及 1947 年，联合国善后救济总署运来奶牛 2785 头，分别发给

142 所机关学校。

关于家禽的改良，中国先后从国外引进多种鸡的优良品种，其中以产蛋率较高的"来航鸡"最受欢迎。其余所引进的，大多为蛋肉兼用的品种。养鸡在中国农家相当普遍，著名的地方品种也不少。20 世纪 30 年代，畜牧工作者对各地鸡的优良品种进行调查选育。但对鹅和鸭的品种改良较少注意。据估计，不包括边疆地区在内，全国养鸡战前约为 33867 万羽，战后为 27845 万羽。到 50 年代初已恢复到战前水平。又据估计，战前全国养鸭 5539 万羽，鹅 951 万羽。这些数字都不包括东北三省及新疆、西藏等边远地区在内。

3 兽疫防治和兽疫血清等的制造

19 世纪以前，中国家畜患病，都用传统的中兽医治疗，当时西兽医还没有传来中国。1904 年，清政府建立新军，在保定创办"北洋马医学堂"。这所学堂聘请日本教师，讲授的是西兽医，中国的西兽医就是从北洋马医学堂开始的。1908 年，北洋新军又派学生数人去日本学西兽医。1907 年，北洋马医学堂改名"陆军马医学堂"，辛亥革命后又改名"陆军兽医学校"。从北洋马医学堂到陆军兽医学校，始终是军事系统的学校。至于教育系统的高等农业学校中设兽医科系，比北洋马医学堂要晚十多年。教育系统学校中的兽医科系大多是由在欧美学习兽医回国的留学生任教，趋向于仿效欧美。

家畜患病要治疗，但"防重于治"。西兽医在中国近代畜牧业中所起的作用最主要的也在于兽疫预防方面。预防兽疫的发生，必须用血清、菌苗等药物。兽疫用血清、菌苗的制造，是中国近代兽医事业主要工作之一。

中国最早制造兽疫血清的工厂是商品检验局创办的。因为当时牲畜出口必须经检疫单位注射兽疫预防血清，海关方许起运。当时通商口岸的检疫机构都是外国人办的，注射的兽疫血清，不用说也都是外国制造的。外国人办的检疫机构，对中国出口牲畜往往故意刁难，外国的兽疫血清价钱亦较贵。为了挽回国家利权，青岛商品检验局于1929年首先成立"兽疫血清制造所"，制造兽疫血清。自此以后，青岛等地牲畜出口概由青岛商品检验局注射血清。该局并用所制血清为青岛附近农家的耕牛做预防注射，同时也供应外地需要。

1929年冬季，上海江湾一带发生牛瘟，并向浦东蔓延。上海有关部门向青岛商品检验局购买牛瘟血清，对上海附近各地耕牛进行防治注射，疫情很快被遏止。于是上海商品检验局亦开办制造牛瘟血清的工厂，并用所制血清为上海各奶牛场的奶牛及近郊农家的耕牛做预防注射。1933年起，上海商品检验局与中农所合办牛瘟血清厂，供应江苏、安徽等省防治牛瘟的需要。中农所则与上海商品检验局合办兽疫防治所。稍后，江西、浙江、广东、广西、四川等省都先后成立兽疫防治所、家畜保育所等机构，也制造兽疫血清。最初制造的是牛瘟血清，以后更研制炭疽病、猪霍乱、猪肺疫、猪丹毒和鸡瘟等血清、菌苗。

20 世纪 30 年代，有了兽疫防治机构和防治兽疫的药品，畜牧业就有了保障。可是当时的边远地区，交通闭塞之地，虽然畜牧是主业，却没有兽医机构。例如 1933 年和 1934 年，川西茂县、松潘一带发生牛瘟，起初外界不知道，直到疫情十分严重时，才由在那里传教的牧师电告四川省政府。其时四川尚未兴办兽疫防治，接电后束手无策，唯有转报中央，请求设法。中农所接到四川省政府的电报，立即通知设在上海的兽疫防治所派员前往。那时从上海入川只有轮船，茂县、松潘又在四川的西陲。几位兽疫防治人员抵达疫区，疫势早已燎原，无法扑灭。茂县一地有牛约 8000 头，在这次兽疫中有 7000 头死亡。

1939 年、1942 年，松潘一带又两次发生牛瘟。由于这时四川省已成立家畜保育站，并建立了兽疫血清厂，两次牛瘟均及时得到遏止，情况和 1933 年就大不相同了。

1940 年，国民政府农林部着手开展兽疫防治，曾在甘肃兰州、青海西宁、河南洛宁成立三个兽疫防治处，在湄潭、昆明、桂林成立三个兽疫防治总站，西昌成立垦牧实验场。这些兽疫防治机构，都办有数处血清厂，又成立了防疫队。40 年代初，兽疫防治设施开始筹建时，西北地区又发生牛瘟，蔓延迅速，扩及49 县。这时西北兽疫防治机构筹建伊始，人力物力不足，地域又极辽阔，防治工作鞭长莫及。结果在 1941

年到 1943 年的三年中，青海一省死牛 110 余万头，西北地区的其他地方死牛也很多。这些地区的兽疫防治到 40 年代中叶才得到加强。

1944 年陕甘宁边区的光华农场亦制造牛瘟血清，当时延安一带牛瘟即是用光华农场制造的血清防治的。1947 年，晋察冀边区的兽医单位及太行山的种畜场也开始制造猪瘟血清及猪瘟脏器疫苗等。

总的说，20 世纪 40 年代，中国兽医事业确有进步。但限于条件，当时全国十几个生物药品制造厂，规模都很小，而且没有统一的制定规格，效率低，成本高，甚至有污染杂菌的，注射到牲畜体内后往往产生不良后果。新中国成立后，制定了中国第一个具有法规性的《兽医生物药品制造规程》，成立了中央兽医生物药品鉴察所，使药品质量得到很大提高，数量上亦大大增加，生物药品种类由新中国成立初期的 26 种增加到 1958 年的 78 种，产量亦由 3000 万毫升增加到 1958 年的 14 亿毫升。各省都建立了兽医诊断室、兽医院和检疫站，牧区则建立了草原工作站。同时还发动群众，贯彻以预防为主的方针。兽疫发病率显著降低，过去流行最广的牛瘟基本消灭，其他牧畜疫病也能有效控制，减轻了危害程度。

十一 蚕业的改进和发展

 浙西嘉湖地区蚕桑业

中国是世界上最早养蚕、缫丝、织绸的国家。宋元以前，栽桑、养蚕是农村中很普遍的副业。后来植棉在长江流域兴起，并从长江流域扩展到黄淮流域及其以北地区，丝棉、丝织品渐渐被棉花、棉织品所取代，蚕桑业便慢慢萎缩下来。大约到明代中叶，除少数具有特殊条件的地方，如浙西的嘉兴、湖州一带外，一般地方没有或只有很少人家栽桑养蚕。嘉兴、湖州附近少数几个县的蚕桑业则始终比较发达。清初康熙帝南巡时，途中看到嘉、湖境内运河两侧桑林茂密，曾写了一篇《桑赋》，赋的序言中说："天下丝缕之供皆在东南，而湖丝之盛，惟此一区。"他说的"一区"，指的就是嘉兴、湖州地区的几个县。

鸦片战争后，嘉湖地区几个县的蚕桑业更加兴旺。上海开埠后，西洋商人纷纷来到上海，上海成为中国生丝出口最主要的港口。有些中外丝商还在上海开办了机器缫丝厂。因为嘉湖离上海很近，许多旅沪的外国丝商都直接到嘉湖地区，以较高的价钱收购丝茧。

这里所说的"嘉湖地区"，是指浙西嘉兴、湖州二府所辖各县。在鸦片战争前，这些县虽然都有蚕桑业，但发展的程度差别很大，真正发达的只有嘉兴、吴兴、秀水（民初并入嘉兴）、崇德、桐乡、海盐、德清等少数几个县。鸦片战争后，这几个县的蚕桑业更发达了，达到了"穷乡僻壤无地不桑；季春孟夏，无人不蚕"的程度。在这几个县的推动下，原来蚕桑业不很发达的其他各县也开始发展蚕桑业。蚕桑业兴旺发达，促进了地方经济的发展。因此，清政府为增加财政收入，要求各地推广养蚕植桑。这样，以嘉兴、吴兴等县为中心的浙西蚕区便迅速扩大，一方面向南跨越钱塘江，经过绍兴、萧山、诸暨等县，达到曹娥江流域的新昌、嵊县一带；另一方面向北穿过太湖，达到江苏的无锡、吴县、武进、江阴、常熟、宜兴等县，而以无锡为中心。从而南起曹娥江上游，北到长江，南北连成一片，成为近代全国最发达的蚕区。

鸦片战争后，浙西嘉湖地区所产的湖丝已不再运到广州出口，但两广所产的丝仍从广州出口。鸦片战争后，珠江三角洲的蚕桑业亦有发展。例如顺德、南海、新会等县的蚕桑业在原有基础上更加兴旺，东莞县的蚕桑业则是19世纪末，在该县官绅提倡下，从无到有兴办起来的。这时期，广西浔江流域也有几个县的蚕桑业有较大发展。因为这些县所产丝茧，可以循西江而下，直达广州，从广州出口。

在四川首先提倡蚕桑的，是浙江湖州人姚觐元。

他自 1869 年起在重庆做官，数次从家乡湖州，购运桑秧数十万株及蚕种若干在川东散发。但据清末《巴县志》的记载，姚调走后，他所推广的湖桑，渐被砍伐，其"提倡之盛意，澌灭无遗矣"。

19 世纪 90 年代，湖广总督张之洞和湖北巡抚谭继洵在湖北大力提倡蚕桑，成立蚕桑局。从 1890 年到 1897 年，该局共散发桑秧 1000 万株。1893 年蚕桑局在武昌开办机器缫丝工厂，称为"官丝局"，同时又创办织绸工场。但所产丝绸品质既差，成本又高，不能和江、浙、四川的产品竞争。产品销路困难，亏折甚巨，最后不得不停办。

近代华北各省的蚕桑业，以直隶规模最大，起步也较早。1870 年，李鸿章任直隶总督时，即通饬各州县举办蚕桑，但 20 年未见成效。1892 年，李鸿章再度在直隶提倡蚕桑。他在保定成立蚕桑局，作为全省推广蚕桑的专业机关。该局成立后的六年中，曾在 50 余州、县散发桑秧 2000 余万株。桑树虽然增多了，但从养蚕到出售丝茧，缺乏相应措施，蚕业并未兴起。李鸿章在直隶提倡蚕桑，亦以失败告终。

因为浙西的湖桑叶质好，产量高，各省提倡栽桑，往往不惜长途到浙西采购湖桑桑秧，运回推广。有的还从浙西招募善于养蚕缫丝的工人做技术指导。散发的蚕书，除两广编印者外，其他各地蚕书所介绍的，基本上都是浙西农家的栽桑养蚕方法。浙西嘉湖地区农家栽桑养蚕方法，在当时也确是最先进的。所以 19 世纪后期各地提倡蚕桑，所推广的实际上是浙西嘉湖地区传统的栽桑养蚕方法，这时期提倡蚕桑，不过是蚕区的扩大，促使某些地方蚕桑业有所发展，成为新的蚕桑生产基地。

 ## 从生丝外销到兴办蚕业教育

中国近代兴办蚕业教育，和生丝外销有着密切关系。

19 世纪中叶以前，国际生丝市场向为中国所独占。19 世纪中叶，日本开始出口生丝。19 世纪后期，日本生丝出口渐渐赶上中国，威胁着中国生丝在国际市场上的地位。日丝所以能在短期内成为中国生丝出口的劲敌，原因在于日本兴办了蚕业教育，运用近代科学改进养蚕技术，使其蚕业蒸蒸日上。而中国蚕业则故步自封，蚕病蔓延，所产丝茧，每况愈下。要想改进中国生丝在国际市场上的衰势，必须效法日本，兴办蚕业教育，用近代科学改进蚕业，这是当时许多有识之士的共同看法。

中国最早兴办的蚕业学校是"浙江蚕学馆"，成立于 1898 年。该馆位于杭州西湖边上，所以又有人称它为"杭州蚕学馆"或"西湖蚕学馆"。

《蚕学馆试办章程》中说："本馆专考究树桑、饲蚕、验蛾考种诸事，用中国之成法，参东西洋之新理，互相考证，以兼擅众长。"章程中这几句，反映了该馆改良蚕业的方针：一面继承祖国的优良传统，同时采用东西洋的先进技术。如果套用现在的话来说，就是主张"古为今用，洋为中用"。蚕学馆的主要任务当然是培养蚕桑人才，关于这方面，它的《招生章程》中规定："无论举贡生童，有家世业蚕，文理通顺，年二十左右，明敏笃静者，准其投考。文字虽佳，仍须面问养蚕，以定去留。"这说明该馆招生时，不单纯根据考生的文化知识，也注意学生本人的志趣、家庭情况，以及对蚕桑生产的感性知识等。

蚕学馆每年招收学生 30 名，学制 3 年，入学后供给膳宿，不收学费，每月还发零用钱 2 元。蚕业课程的教师聘自日本。

浙江蚕学馆的创办人是杭州知府林迪臣。林迪臣名启，福建侯官（今福州市）人，1896 年起任杭州府知府。浙西杭、嘉、湖是蚕桑业最发达的地方，他到任后第二年即提出在杭州创办蚕学馆，得到浙江省当局的批准。林迪臣在杭州除创办蚕学馆外，还创办"养心书塾"和"求是书院"等，是一位重视农业生产，热心教育事业的地方官。1900 年林迪臣病逝于杭州，杭州人爱戴他，留葬于西湖边上的孤山。

继浙江蚕学馆之后，各地都兴办蚕业教育。时间较早、对后来蚕业教育影响较大的是，浙江蚕学馆毕业生史量才于 1905 年在上海南郊高昌庙创办的"上海私立女子蚕学堂"。它是中国最早招收女学生的蚕桑学堂。中国养蚕缫丝向来由女子承担，史量才办女子蚕桑学堂，完全适应社会的要求。自此以后，许多地方也都办起女子蚕桑学堂或女子蚕桑传习所等。史量才在上海创办女子蚕桑学堂，实开中国女子职业教育的先河。

史量才办的这所学堂是私立的，完全依靠募捐及学生所缴学费维持，经济很不宽裕，所聘教师大多为义务职。1910 年，史氏转向办报事业，无意再从事蚕业教育，乃与江苏巡抚衙门联系，决定将学堂划归公办，在吴县浒墅关勘定新址，建筑校舍。其时适值辛亥革命发生，至 1912 年才从上海迁到浒墅关开学，更名"江苏省立女子蚕业学校"。

民初几年，江苏女蚕校未有多大发展。1918 年，郑辟疆担任校长。郑氏江苏吴江县人，亦毕业于浙江蚕学馆。郑氏认为：作为江苏省办的蚕业学校，不仅要培养合格的蚕业人才，也应该担负起改进和发展江苏蚕业的责任。因此，他在教学上十分重视实习，在学校增设试验部、原种部等，从事蚕种的试验和改良种的制造，接着又增设推广部，推广该校的试验成果和所制的改良蚕种。郑辟疆把一生精力投入蚕业教育和蚕业改良，是有成绩的。

蚕种改良

19 世纪以前，农家所用蚕种，不是自留的，便是从以制种为业的"制种专业户"那里买来的。制种专业户以传统的老方法制种，他们所制的和农家自留的，统称为"土种"。土种的缺点是品系混杂，普遍带有病毒。运用近代科学改进制种方法，所制的蚕种，通常称为"改良种"。改良种不带病毒或病毒率很低，品系较纯，因此又称为"纯系种"。用两个不同品种的纯系种杂交而成的第一代，称为"一代杂交种"。

大概因为蚕丝是 19 世纪后期浙江海关最重要的出口物资，浙江海关特设"养蚕小院"，试行养蚕，以了解养蚕中的问题。他们在养蚕中深感民间所用的蚕种，感染病毒严重，因而于 1889 年派遣工作人员江生金前往法国学习科学制种方法。江生金是中国学习新法制造改良蚕种的第一人。

中国最早用新法制造和推广改良蚕种的是浙江蚕学馆。该馆于 1898 年春，在江生金主持下制改良种 1000 多张，出售或赠送给杭州近郊农家试养。同一年，上海的农学会在上海南郊高昌庙开办"育蚕试验场"，由日本蚕师主持，也用新法制成改良种。进入本世纪后，用新法制造改良种的渐渐多起来。各蚕业学校和试验场等，每年或多或少都用新法制造改良种。早期所制的改良种都是纯系种。纯系种所结的蚕茧丝量较多或丝质较好，但蚕的抗逆能力差，很难饲养。20 年代中叶以前，中国推广的都是纯系种，蚕农对于难养的纯系种并不很欢迎。

运用遗传学原理研制一代杂交种，蚕的体质较强，所产丝茧兼有双亲之长，甚至比双亲更为优良。这样的蚕种易于饲养，所结的蚕茧品质又较好，丝厂乐于收购。1919 年，江浙的蚕业学校和蚕业试验场已开始试制一代杂交种。1923 年，江苏省立女子蚕业学校首先以所制一代杂交种在学校附近及吴江县的震泽推广，深受蚕农欢迎。次年在无锡北乡推广，成绩亦佳。浙江省立蚕桑学校和蚕业改良场于 1925 年制成一代杂交种万余张，在杭州、桐乡等地推广，第二年扩大推广地区。

1923 年，江苏省立育蚕试验所及江苏女蚕校又先后进行人工孵化蚕种的试验，制成人工孵化秋蚕种，经过两年试养后，于 1926 年在全省范围内推广。饲养秋蚕，可增加一季收益，因而颇受蚕农欢迎。一代杂交种和人工孵化秋蚕种的制成和推广，是江浙两省蚕业的一大进步。

这时期蚕业推广方法亦有改进。1924 年，江苏女蚕校在无锡推广一代杂交种时就用"育蚕指导所"的形式，帮助农家改进养蚕方法，指导蚕农蚕室蚕具消毒，组织蚕农共同催青、稚蚕共育，这是蚕业推广的一大进步。

蚕病蔓延是蚕农养蚕最大的威胁。有些蚕病是病毒感染所引起的。病毒常常遗留在蚕室蚕具上，所以养蚕之前，蚕室蚕具必须严格消毒。"催青"又名"暖种"，即将蚕种放在适当的温湿度环境中，使蚕卵胚子顺利发育，这样可使蚕卵孵化齐一，蚕体健壮，提高蚕茧的品质。稚蚕期的小蚕较难饲养。稚蚕期饲养的好坏，将影响养蚕收成。这些蚕户当然可以单独进行，但联合起来则可大大节省费用，提高效率。同时把蚕种或稚蚕集中起来，便于技术指导，管理上也较周密。

1925 年，浙江蚕桑学校和省立蚕业改良场，成立"养蚕改良场"，由蚕桑学校毕业生任指导员，指导蚕农改良养蚕方法。养蚕改良场规定，凡饲养推广的改良种，又接受养蚕指导的蚕农，改良场负责担保其收成。如果达不到担保的收成，改良场将给以赔偿。

从 20 年代中叶开始，江、浙两省的蚕业机关、蚕桑学校积极推广养蚕新方法和改良种，广大蚕农在实践中也越来越认识到它的重要，争相购饲改良种，使江、浙两省用新法制种的蚕种业迅猛发展。1926 年，江苏全省只有制造改良种的私营种场六七家，公营、私营合计也不过十余家，到 1930 年，全省有公营、私营种场 119 家，1931 年更增加到 154 家。浙江省 1927 年制改良种的种场共 7 家，到 1930 年增至 28 家，1931 年达到 75 家。1931 年是中国改良种制种业最发达的一年。

 ## "中国合众蚕桑改良会"

上述江苏女蚕校 1924 年在无锡设育蚕指导所，所用经费由"中国合众蚕桑改良会"（简称"改良会"）资助，浙江省蚕校推广改良种，亦由改良会提供部分经费。

改良会成立于 1918 年，由法、英、美三国旅沪丝商联合发起，并邀请苏、浙、皖三省丝茧商所组织的"江浙皖丝茧总公所"参加，共同组成。它的宗旨是制造和推广改良种，并指导农民改进养蚕方法，以改良三省的蚕桑生产。欧美丝商所以"热心"改良江、浙、皖三省蚕业，是因为他们希望能从这三省购得优质而价廉的生丝。当时江、浙的农业机关、蚕桑学校虽亦有改良蚕业的愿望，也曾做过一些努力，但规模不大。法、英、美丝商便联合起来，发起组成这一机构，企图直接插手改进三省蚕桑业。后来日本丝商也参加了进来。

改良会的开办费为白银26800两，由中外丝商平均负担，经常费则由法、英、美三国驻华公使迫使北洋政府财政部指令上海海关在"关余"项下每月拨付关银2000两，后增至8000两。另外又在江、浙、皖三省茧捐中附征改良会费，规定每收购干茧一担，茧商缴纳改良会费一角。

改良会的最高权力机关为董事会，由法、英、美、日旅沪商会代表、上海洋商丝公会代表、江浙皖丝茧总公所代表共15人组成。正、副会长例由洋人充任，董事会的权力亦操于洋商之手。聘法国人费咸尔（P. Viel）为总技师。北洋政府农商部派监事一人执行监察职务，但实际对会中任何事务都无权过问。

改良会从1918年起，先后办了10个制种场，制造改良种，并和江、浙、皖的蚕业学校合作，在三省推广改良种。推广的改良种，大约20%多一点是该会所属各种场制造的，不到20%是从江浙的蚕业学校买来的，其余60%是从法、意两国买来的。每年向法国和意大利购买蚕种的费用，常占该会总支出的30%以上。但从法、意买来的蚕种并不优良，亦不适于中国风土。该会自己种场所制的改良种大多粗制滥造，这些蚕种用来推广，当然不受蚕农欢迎。

中国的蚕桑学校热心蚕业改良，却苦于经费不足。所以江、浙、皖三省的蚕业学校，都不得不争取改良会的资助。但如上所述，改良会的经费是海关从关余项下拨给的，所以实际上就是中国政府拨发的经费。这项经费大部分被改良会的洋员挥霍浪费，只有小部分通过三省的蚕业学校用到改良蚕业中。

北洋政府对改良会始终不问不闻。1927 年，有些人向国民政府反映改良会浪费国币，对改进我国蚕桑业成绩很少，要求政府将改良会收回，由国人自办。国民政府对此却顾虑重重，认为如果骤行收回，必将引起洋商不满，甚至可能会引起外交纠纷，不如先从改组董事会入手。国民政府随即向改良会提出改组董事会和增加华董名额的要求，并选派与蚕桑业有关的知名人士参加董事会。董事会改组后，会务不再由洋商把持。此时总技师费咸尔已经回国，会务由中国的蚕桑技术人员整顿规划，停止向法、意购买蚕种，同时集中力量，新建镇江制种场，并扩建南京制种场。

新建的镇江制种场，经国人的大力经营和中国丝商的资助，很快取得较大成绩。该场又和十多家私营种场建立合作关系。这些私营种场，每年春秋两季能制种 120 万张，除供应江、浙、皖三省外，并行销全国和出口国外。30 年代中叶，镇江种场成为中国蚕种业的重心。

"中国合众蚕桑改良会" 20 多年的历史说明，改进中国的蚕桑业，必须 "独立自主，自力更生"。可以借助外力，但决不能完全依靠外力。

蚕业惨遭挫折

1931年，江、浙蚕种业迅猛发展的时候，遇到了世界经济危机的袭击。此次世界经济危机1929年已见端倪，最初影响尚不显著。1931年，纽约华丝价格比1929年下跌50%，致使中国生丝出口大幅度下降，丝厂停工，茧价猛跌。再加上1931年夏秋之交，长江流域大水，江、浙很多桑园被淹，农民养蚕亏本，纷纷挖去桑树，改种其他作物。据1934年调查，在30年代初的三四年中，无锡桑园减少3/5，各地的情况和无锡基本相同。江、浙的蚕桑丝茧各业呈现一片萧条景象。

众所周知，近代广东蚕桑之盛，仅次于江、浙。该省首次制造和推广改良种，似在1919年，但因经费没有可靠着落，推广工作未能继续下去。1923年成立"广东全省蚕丝改良局"，亦限于经费，只做了些蚕业的调查工作。以后广东蚕业渐有零星改进，如1926年中山大学蚕桑系在清远成立蚕种改良场，又在清远、信宜等地设"蚕桑巡回讲习所"，推广改良蚕种。岭南大学蚕丝系的蚕业的改进，常和省改良蚕丝局合作进行。1927年和1928年，该校派人在容奇、官山、乐从等地设办事处，推销所制的改良种，并在冬季举办"蚕桑速成传习所"。这时期改良蚕丝局在顺德、南海、乐昌设立蚕业推广处。1931年设第一制种场于容奇。当广东蚕业点滴改进，逐步走上轨道时，也受到世界经济危机的冲击而趋于萎缩。1934年，全省共有300多家丝厂，开工者不到1/4。广东的蚕桑丝茧各业和江、浙一样陷于困境。

为了挽救蚕桑业的衰落，江、浙两省联合实行蚕业统制，即蚕种的生产销售、蚕茧的收购等统由省蚕业管理机关统一安排管制。广东则设立"蚕业改良实施区"。其目的都是帮助和督促蚕农改进蚕业生产，提高丝茧的产量和品质，以增强其在国际市场上的竞争能力。

经过蚕业工作者几年的努力，同时世界经济危机也渐渐过去，中国蚕桑业开始复苏。可是日本帝国主义又发动全面的侵华战争。沦陷期间，日伪在太湖地区及珠江三角洲恣意劫掠丝茧，给这些地区的蚕桑业以严重破坏。太平洋战争爆发后，生丝外销断绝，蚕桑业更加没落，同时粮食紧张，沦陷区蚕农纷纷挖去桑树，改种粮食作物。

抗战期间，川、滇、新疆等省的蚕业则有较大发展。四川省蚕桑业原来就有一定基础，但在30年代以前很少改进。1932年，中国科学社（留美学生组织的学术团体，1915年成立于美国，1918年迁回国内）在成都举行年会时，看到四川蚕业仍用传统的老方法，显得相当落后，乃向四川省当局建议，四川蚕业可以仿效江、浙，用近代科学方法加以改进。这一建议为四川省当局所接受，当即邀请全国经济委员会及江、浙两省蚕业专家前往指导，并委托代购改良种，以供推广。1933年，全国经委会除派专家入川考察蚕业外，并于 1934 年派员在川东的巴县及涪江上游的三台设育蚕指导所，推广从镇江种场买来的一代杂交种 5000 张，镇江种场亦派技术人员前往协助推广。翌年推广区域扩大，在巴县附近的江北、璧山二县增设育蚕指导所。

1936 年，四川省建设厅在南充成立"四川省蚕丝改良场"，作为办理全省蚕业改进的专职机构，并在重要蚕区分设繁殖桑秧的苗圃和制造改良种的制种场。省蚕丝改良场又将全省划为 6 个蚕业推广区，开展蚕业推广业务，同时接办了 1934 年以来全国经委会在川东等地办的改良种推广业务。这几年，四川蚕业的改进很有成绩，所产生丝，大多空运出口。

抗战期间出口的生丝也有云南生产的。云南的蚕桑业基本上是抗战期间发展起来的。抗战以前，云南的蚕业渺不足道。1938 年，云南省计划发展蚕桑业，成立"云南省蚕桑改进所"，并在滇越铁路沿线，蒙自附近的草坝地方划地 60000 亩，成立"草坝蚕业新村"，从事栽桑、养蚕、制种等业务。抗战初期，云南推广的改良种购自四川。经过几年发展，到抗战后期，草坝蚕业新村能大量制造改良种。1946 年，曾制改良种 25 万张，其中一部分提供苏、浙、粤等省恢复蚕业之用。

从 19 世纪中叶起约 100 年间，新疆曾三次发展蚕桑业。第一次在 19 世纪 60 年代中叶，其时左宗棠奉命督办新疆军务，他到新疆后，即派员到浙西采购桑秧蚕种，运到新疆推广。他推广蚕桑，完全依靠行政力量，效果并不理想。左调离新疆后，其所经营的新疆蚕业改进便很快废弛了。1907 年，新疆再次提倡和改进蚕桑，也因人事变动没有持续多少时间。1942 年，国民政府农林部派蚕业专家从四川带着改良种去新疆推广，在新疆设立 10 个制种场，以保证新疆所用改良种可以自给。这些制种场为新疆后来蚕桑业的发展奠定了基础。

6 柞蚕业概况

中国很早就采收自然界中柞蚕所结的柞茧加以利用，但直到四五百年前，山东山区的人民才逐渐摸索出一套人工放养柞蚕的方法，放养柞蚕终于成为山区农家的一门副业。从 17 世纪后期起，在外省做官的山东人，把山东柞蚕种茧和放养方法介绍到他们任职的地方去。也有一些外出谋生的山东人，把蚕种和放养方法带到他们谋生的地方去。放养柞蚕就这样由山东传到全国很多地方。

放养柞蚕起源于山东，山东半岛的柞蚕业也比较发达，19 世纪后期更加兴旺，烟台则为当时山东半岛柞丝茧绸业的中心。1921 年，烟台中外丝商所组织的"华洋丝业联合会"办了一所蚕丝学校，该校先后在牟平、文登、栖霞等县设柞蚕试验场五处，研究改进放养柞蚕方法及选育柞蚕良种。东北放养柞蚕最初也是从山东传去的。后来东北柞蚕业盛于山东。东北的柞蚕区，最初集中于辽东半岛西侧的复县、熊岳、盖县一带，19世纪后期扩大到吉林、黑龙江等地。清末民初，东北每年都有大批柞茧运到烟台，少则10余万担，多则20余万担。1920年前后，日本人在辽宁设柞蚕试验场。30年代，伪满洲国的农事试验场也进行了柞蚕种茧的改良。1939年，日本人在东北实行柞蚕丝茧统制，以剥削放养柞蚕的农民。

　　河南省柞蚕业最发达的是伏牛山地区。清末民初是该省柞蚕业全盛时代，抗战期间，曾在南召县设立柞蚕改良场、研究所等机构。30年代末，四川的南充和重庆都设有柞蚕试验地，种茧引自河南南阳。贵州的柞蚕业较发达。1938年，贵州省在遵义设柞蚕试验地，又办了三个柞蚕制种场，曾举办柞蚕指导员训练班。稍后，浙江大学蚕桑系在湄潭成立蚕桑研究所，从事柞蚕放养方法、柞茧留种技术、选育柞蚕的纯系蚕种等项实验，使贵州的柞蚕业有所改进。

十二　养蜂新法引进和
海洋捕鱼

养蜂新法的传入

养蜂在中国有悠久的历史。但中国旧式养蜂方法极为简陋。华南养蜂的蜂巢大多用竹篾编成圆筒形的婆笼，笼外涂泥以御寒避风，笼口盖以有小孔的木板，蜂笼悬挂在屋檐下。华北养蜂则用土块碎砖砌成土屋，三面是土墙，一面用木板为门，门上凿有小孔。又有些地方用木箱或木桶为蜂巢，箱或桶上用凿有小孔的木板为盖，小孔为蜂出入的孔道。养蜂期间，很少管理。取蜜时则割取巢脾榨出蜂蜜。蜜质欠净。每群蜂得蜜最多不过十余斤。

19 世纪中叶以前，欧洲养蜂方法也很原始。至 19 世纪 50 年代才发明了活框蜂箱和蜂蜡巢础，接着又创造了各种养蜂用具和一套科学的养蜂方法。这些新的养蜂方法不久便传入中国。

新法养蜂传入中国，有些地方是由外国侨民带来的。例如 19 世纪 80 年代后期或 90 年代初，南京鼓楼医院一位英籍医师，在自己家中养蜂。当时南京鼓楼一带还比较空旷，不像现在居民密集。这位医师用新法养蜂，是为了取食蜂蜜。

东北新法养蜂是从俄国传入的。在修筑中东铁路期间和铁路筑成后，到黑龙江和吉林来的俄国人很多，大部分是铁路员工，住在哈尔滨和铁路沿线的一些地方。他们从俄国带着蜂群蜂具到寓居的地方来养，作为家庭副业。中东铁路的修筑始于1897年，到1903年筑成。所以哈尔滨一带新法养蜂是19世纪末开始从俄国传来的。1900年，沙俄入侵新疆，不少俄国的东正教徒随着进入新疆，住在伊犁和阿尔泰等地区。这些东正教徒也有些带着高加索黑蜂在伊犁等地饲养。

外侨在中国养蜂，附近居民也模仿学习，无疑是新法养蜂和外国蜂种引入中国的一条途径。另一条途径是国人到外国留学或做工，回国时把养蜂新法和外国的著名蜂种带回国内。这一条途径，对中国近代蜂业发展的影响更为重要。

最早把意蜂带回中国的，是清廷驻美公使、安徽合肥人龚怀西。龚1910年赴美，任职期间，他目睹美国蜂业其盛，便派随员学习新法养蜂。1912年秋卸任回国时，携带意蜂五群回国，运往他的家乡合肥，用在美国学到的方法饲养。这五群意蜂盛时曾繁殖至百余群。但龚志在从政，无意于养蜂事业，他带回的蜂群和新法养蜂虽开了合肥一带养蜂的风气，对中国养蜂业的发展影响却很小。

对引进和推广新法养蜂颇有贡献的是中国养蜂业

先驱张品南。张为福建闽侯县人。大约 1909 年或 1910 年时，他已在家乡经营"三英蜂场"，用新法饲养中蜂。1912 年赴日本留学，学习科学养蜂方法。1913 年回国，带回意蜂四群及新式蜂具等。回国后一面在福州任教，一面将三英蜂场改为"闽侯县养蜂试验场"，自任场长。他在教学之余，致力于新法养蜂的研究和推广。他主持的养蜂试验场对外开放，欢迎大众参观；又编辑养蜂书刊，传播科学养蜂知识。1919 年他出版的《养蜂大意》一书，是中国中等学校最早的养蜂教科书。

和张品南差不多同时，也和张品南一样热心于养蜂事业的是江苏无锡人华绎之。他在家乡经营养鸡和养蜂业，先从欧美书刊上学习欧美等国的养蜂知识，参照欧美养蜂方法，饲养中蜂，并自制巢础，效果良好。1916 年、1918 年，他两次从日本购买蜂种，但都是杂色蜂。1921 年，他从美国引进意蜂五群，次年春采用人工分蜂 70 箱，用其中 20 箱人工育王，共培育出 180 多头新蜂王，成为中国第一批人工育王的纯种意蜂。

1914 年、1917 年，天津农事试验场和中央农事试验场也先后从国外引进意蜂。中央农事试验场场长张伯衡还在北京经营兴农园养蜂场。

中国最早生产蜂具的是华绎之所办的蜂具厂。该厂制造大量巢础供应市场。华绎之在上海闹市区开设蜂场门市部，出售蜂具及蜂产品。另外，他又在蜂场内附设养蜂讲习所，招收学员，传授新法养蜂知识。

华绎之养蜂场是当时中国最大的养蜂场。

中国近代养蜂业发轫于福建，初兴于江、浙，后华北蜂业转盛。华北养蜂业以北京为中心。黄子固在北京办的李林园养蜂场是华北规模最大的蜂场。该场成立于1918年，曾从国外输入意蜂七群。30年代，该场每年人工培育蜂王1500余头。1926年开办蜂具厂，所制巢础机质量不亚于舶来品，而价格仅及舶来品的1/5。该厂还制造巢箱等蜂具。

20年代后期的养蜂热潮

民初意蜂的引入，人工培养蜂王的成功和养蜂工具的生产制造，使中国的养蜂业得以稳步发展。当时各蜂场的经济效益，一般都还不错。于是养蜂便给人以"本轻利厚"的印象。又由于百业萧条，一般人就业不易，许多人认为经营养蜂既无需很多资本，劳动强度又不大，再加上受夸大宣传的诱惑，便有一些人买几箱蜂试养，其中有一些是北洋政府机关的职员。因为1927年，北洋政府解体，大批中下级职员一时无事可做。试养蜂的人愈来愈多，形成了一股养蜂"热潮"。

这次养蜂热潮，以平、津、保定一带"温度"最高，其他如山东的济南、泰安、青岛，山西的太原、太谷，河南的郑州、开封，亦受不同程度的影响。陕西乾县也卷入其中。20年代末30年代初，乾县的农、工、商、学各界以及公务人员，很多人也养起蜂来。

一时全县 30 多家木匠铺都制蜂箱出售。其蜂场有三架巢础机，日夜赶制巢础，仍供不应求。估计 1930 年该县蜂群达万群以上。江浙一带所受热潮影响较小，但蜂场亦在增加。例如南京 20 年代初，全城只有蜂群 20 箱左右，大多为农业学校所有，主要供教学之用。可是私营蜂场很快兴起，到 1931 年，南京城厢内外的蜂场增至数十家，蜂群达 2000 余箱。

在华北养蜂热潮期间，有少数蜂场因售蜂群而致富。于是有些蜂场便采用喂糖分蜂办法，以繁殖更多蜂群，谋取暴利。蜂群供不应求，则向国外购买。据统计，1928 年，天津港从日本进口蜂群 300 群，1929 年进口 8800 群。1930 年的前 8 个月即达 6800 群。这一两年中，自春至秋，由日本驶入天津之轮船，每隔两三天一次，几乎无船无蜂，每次均在 500 群以上，甚至有达 2000 群者。但这时从日本输入的蜂群，均为劣种，以致有的买进后尚未越冬，蜂群已经死灭。

此次养蜂热潮一哄而起，不到两三年便因养蜂失败而很快冷落下来。导致养蜂失败的原因有经验的不足，例如初次养蜂的人缺乏养蜂知识，新办的蜂场又大多集中在城市及其近郊。这些地方，蜜源有限，不能满足蜂群的需求，蜂群便很快衰落。但最直接的原因是从日本买来的蜂群带进蜂病，迅速蔓延，给养蜂者以严重的威胁。结果，到 1930 年下半年，天津进口蜂群的数量即逐月下降。到 1931 年，蜂群在平、津等地已无人问津。养蜂热潮过后，北平市民把养蜂的巢箱改做垃圾箱。据说这种垃圾箱，当时北平市内，大小胡同，随处可见。

中国养蜂业在 20 年代末的动荡后，经过调整渐渐走上正常发展的道路。可是不久日本帝国主义悍然发动侵华战争，养蜂业受到了更严重的破坏和摧残。

 抗战前的渔业改进

中国渔业有着悠久的历史，捕捞、养殖都有一套传统的技术。但机轮渔业则是近代从国外引进的。

中国近代渔业改进，不像采用新法养蜂始自民间，而是由官绅发动的。1904 年，实业家张謇条陈设立"江浙渔业公司"。清廷在批准张謇条陈的同时，命令沿海各省都筹设渔业公司。江浙渔业公司于 1904 年首先成立于上海。接着直隶于 1905 年设渔业公司于天津。1906 年，山东设渔业公司于芝罘（今烟台市），广东绅商集资开办渔业公司于广州。同年，奉天（今辽宁省辽河以东的地区）官厅从商人之请，成立渔业公司，官方先出官本 5000 元，商人集资 30000 元，成立官商合办的"奉天渔业股份有限公司"，后商股增加，改为官督商办的"奉天渔业股份有限公司"。沿海各省除福建外，这几年中都成立了渔业公司。福建省情况不详。

渔业公司在水产品的产销中取代了原来渔行的职能。渔行是旧时的商业行会，渔业公司则属资本主义性质的商业组织。清末民初的渔业公司又兼管地方渔业行政，似为政商合一的机构。它除经营水产品的产销外，也致力于渔业改进。改进渔业首先要培养水产人才。各省早期创办的渔业教育事业，其经费基本上都是由渔业公司提供的。

中国渔业教育，直隶省兴办最早。大约在1907年前后，该省即派员分赴欧美、日本考察水产事业。1910年，直隶省首先于天津创办水产讲习所。进入民国后，水产讲习所改称水产学校。其后学校的名称及学制一再改变，中间曾停办两次，到1929年改组为"河北省立水产专科学校"，内设渔捞、制造两科，为中国当时唯一的高等水产学校。奉天渔业股份有限公司先办的是水产讲习所，1914年在营口创立中等水产学校。

1917年，山东省在烟台成立"山东省立水产试验场"，内分渔捞、养殖、制造三科。军阀统治时期，试验场的设施和活动，常受附近驻军的干扰和破坏，经费又很窘困，试验很难展开。1923年，山东省于水产试验场内附设短期培训性质的水产讲习所，1930年停办。同年秋，中国科学社在青岛举行年会，发起在青岛建立水族馆，次年开工兴建，1932年建成开放。

上述江浙渔业公司设于上海吴淞。当1904年张謇奏设该公司时即计划在公司附近成立水产及商船学校，与渔业公司连成一片，但当时并未能实行。直到1912年时，才开办"江苏省立水产学校"，暂设于上海西门。第二年吴淞校舍正式落成。该校初设渔捞、制造两科，1919年增设养殖科，并在昆山设淡水鱼养殖场，为养殖科教学、科研、试验场所，其后该校名称、体制一再改变，1926年曾一度停办，不久恢复。1928年，改为水产专科学校，增设远洋渔业及航海两科，吸收高中毕业生入校学习。一年后仍恢复原来体制。1932年一·二八事变，校舍被日军炮火破坏，战后修复。1937年八一三事变，校舍再次被日军炮火轰毁。

20年代初，江苏省与农商部合办"海州渔业传习所"，1923年改为"海州渔业试验场"。1930年，江苏省在长江口外的嵊山岛设渔业试验场，进行海洋观察及捕捞试验，又划长江口外各岛为渔业改进实验区，近海各县设渔业指导员。30年代初，江苏省又在连云港开办"省立水产职业学校"。

浙江省1916年在临海县成立甲种水产学校，后迁定海县。学制不断改变。1932年更名为"浙江省立高级水产职业学校"，设渔捞、制造、加工、养殖四科，并附设水产品模范工厂。1934年因学潮而解散。次年，浙江省利用该校及工厂的房屋设备成立水产试验场，进行水产品的调查试验。抗战开始后该试验场停办。

福建省民初成立一所乙种水产学校。1920年，厦门集美学校增设水产科，以后学制屡有变更，至1927年改为"集美高级水产航海职业学校"，水产方面只设捕捞一科。该校为爱国华侨陈嘉庚所办。

20年代末，广东省在中山县设水产试验场，限于经费，仅从事鱼类养殖、捕捞和渔民生活的调查，1931年更因经费支绌停办。该场曾附设水产讲习所，不久亦停办。1935年，广东又设水产职业学校于汕尾。

综上所述，可知中国近代的水产学校及水产试验场均设于沿海各省，其他各省未闻有此类机关或学校的设置。这表明中国近代水产业的改进，侧重在海洋渔业方面。不过沿海各省所办的水产学校并不多，水产试验场也只江、浙、鲁、粤四所。且各水产学校的体制变化不定，学校本身亦兴废无常。每年招收学生十分有限，学生毕业后却又很难找到本行业的工作。以浙江省立高级水产职业学校为例，从开办到1934年解散的十多年中，该校共毕业学生286名，其中只有36人在水产部门工作，其余均从事他种职业，甚至失业。水产学校的经费都不充裕，水产试验场的经费更为拮据，科研试验因此很难搞出成绩。

总之，从本世纪初到抗战开始前的30年中，水产事业虽有发展，但极迟缓。

中国近代渔业所以发展迟缓，除国家重视不够外，与列强的侵渔亦有着极大关系。而在列强中，以日本帝国主义最为肆无忌惮。据1936年前后的调查统计，日本经常在中国渔场捕捞的渔轮有75艘，且有1200艘手缲网渔船在中国东海捕鱼。更有甚者，他们的渔轮还故意航入中国渔民所敷渔网区域，割裂渔网，使中国渔民蒙受重大损失。同时他们又把在中国渔场捕到的鱼及其他水产品，转向中国倾销。这些侵略活动，严重地阻碍着中国渔业的发展。

其实，用渔轮和手缲网渔船捕鱼，也是中国近代海洋渔业改进的主要方面。中国最早用渔轮拖网捕鱼始于江浙渔业公司。1905年有一艘德国渔轮闯入黄海侵渔，经中国官署与德国交涉，将这艘渔轮买了下来，交与江浙渔业公司使用，命名"福海"渔轮。这是中国用渔轮拖网捕鱼之始。由于缺乏使用渔轮经验等原因，福海鱼轮的经济效益并不理想，后终将此渔轮改做他用。入民国以后，水产机关、学校及渔业公司向外国购买渔轮者渐多。到抗日战争前夕，以上海为基地的渔轮有 16 艘，其中绝大部分是 20 年代中叶以后购置的。

·烟台渔商鉴于日本用石油发动机的手缲网渔业相当发达，便于 1921 年首次从日本购得此种渔船两艘，中国手缲网渔业自此开始。

总的说，中国拖网渔业和手缲网渔业是 20 年代后期才渐渐发展起来的。30 年代初，全国有拖网渔轮 12 艘，手缲渔船 122 艘，共 134 艘。到抗战前夕，已有拖网渔轮及手缲网渔船 391 艘。

 抗战期间及战后的渔业改进

抗战开始后，中国的拖网渔轮及手缲网渔船或为日军所击沉，或被日军强行征用。沿海的水产学校除福建集美及广东的一所迁入内地，继续开学外，其余都被迫停办。江苏水产学校教师转移到四川后，先在合川县的国立中学内附设水产部，1943 年改为"四川高级水产职业学校"。该校初设制造、养殖两科，后又增设渔捞科。

前已述及，抗战前的水产改进工作侧重在海洋渔业。抗战期间沿海地区相继沦陷。内迁的水产工作者乃改变方向致力于发展淡水鱼的养殖，而以开展鱼卵人工孵化及实施鱼苗繁殖推广等为主。政府亦以推动后方各省的鱼类养殖为目标。例如农林部设"鱼苗采运临时办事处"，为后方数省提供鱼苗，又在四川合川、巴县、江津，广东肇庆，广西桂平、容县和江西泰和等地设"养鱼实验场"、"经济养殖场"、"水田养鱼推广站"等，促进后方各省淡水鱼的养殖。云南省则在昆明设水产试验所，从事某些鱼类的研究和推广，并调查该省的渔业。有些水产科学家，则在战时艰苦的条件下，埋头于水产生物学的研究。

抗战胜利后，农林部设冀鲁、江浙、闽台、广海四个海洋渔业督导处，督促和辅导各地区渔业的复员及改进工作，并策动上海渔市场的恢复。上海于30年代前期已形成渔市场，抗战期间停废了。渔市场有拓展销路、平准市价、改良运转、平衡产销等职能。此时，青岛、广州亦计划筹设渔市场。1947年，农林部又在上海成立了"中央水产实验所"。

抗战胜利后，战时停办的河北省立水产专科学校在天津复校。此后，广东省设海事专科学校于汕头，内设渔捞、驾驶、轮机三科。同年山东烟台也成立水产学校。1946年，青岛的山东大学和上海的复旦大学均增设水产系。四川高级水产职业学校亦于这时由江苏省接办，暂设于崇明，1948年迁至上海复兴岛，并升格为水产专科学校。另外，安徽省为发展淡水养殖事业，开办水产学校于望江县。辽宁营口，台湾基隆、高雄，日伪统治时期均有水产学校。抗战胜利，这些学校都由国民政府接管，继续开学。

抗战期间，中国的海洋渔业全为日本帝国主义所控制。日伪在上海、天津、青岛、广州等地设有水产机构，拥有各种渔轮、渔船多艘，以及制冰厂、冷藏库、水产品加工厂、养殖场等。抗战胜利后，这些水产机构及设备均被接收。除东北外，其余各地在接收的产业基础上都成立了地区性的水产公司。如台湾水产公司、青岛黄海水产公司、广州海南水产公司、上海中华水产公司等。但由于缺乏科技人才，更由于蒋介石发动了内战，这些水产公司并无大的作为。

新中国成立后，渔区经过民主改革和社会主义改造，生产力得到提高，全国产量由1949年的45万吨，上升到1957年的312万吨。

十三 农村合作事业的兴起和发展

 合作思想的宣传和最早的合作社

从 20 世纪初起的半个世纪中，中国各门农业技术都有不同程度的改进。但推广这些技术，提高农产品的产量和品质，须有相当资金。中国多数农民赤贫，种田资金往往需向高利贷者借贷，购买农用物资，出售农产品又受到中间商的剥削。农民要摆脱高利贷和中间商的盘剥，在当时的条件下，唯有发展农村合作事业。改进农业技术和发展农村合作，是改善农村经济两项不可偏废的事情。

合作运动开创于德国。合作思想是本世纪初首先由日本传入中国的。京师大学堂曾开设有关"产业组合"的课程，其中有农业合作的内容。中国农业经济学先驱许璇，毕业于日本东京帝国大学。1913 年回国后，在北京大学农科讲授农业经济和农业合作课程。1914 年任四川公立农业专门学校校长的凌春鸿，也讲授农业经济学。农业经济学也包括农业合作的内容。

最早在中国高等农业学校中讲授农业合作的，是许、凌二人。

民国初年是合作思想广泛传播的时期。早期宣传合作运动最有力而又最有成就的是薛仙舟。薛早年留学德国，1911年在京师大学堂任教，提倡组织消费合作社。1918年赴美国收集有关合作的资料。1919年回国，任教于复旦大学，同时创办"上海国民合作储蓄银行"。这是中国最早的信用合作组织。为了宣传合作思想，他先后组织"平民学社"，编辑出版《平民周刊》，又成立"上海合作同志会"等。这些团体及刊物存在时间不长，即被北洋政府取缔。

孙中山也提倡合作运动。他在1919年发表的《地方自治开始实行法》中，便主张地方自治团体应办各种合作业务。南京国民政府成立后，认为对农村合作妥善加以利用，有利于巩固其统治，因而对合作运动也采取积极提倡的政策，曾聘请薛仙舟在中央党务学校（中央政治学校的前身）讲授合作课程。薛还发起组织"中国合作学社"，提出《全国合作社方案》。但薛仙舟提倡合作，始终在大都市中活动，未曾深入农村。在农村中开展组织合作社的是"中国华洋义赈救灾总会"。

 "中国华洋义赈救灾总会"

1920年，冀、鲁、晋、豫、陕5省旱灾，灾区范围包括317县，灾民达2000万，灾情十分严重，各救济团体纷纷放赈救灾。1921 年，华北各省农业收成较好，急赈工作告一段落，尚有赈灾余款 208 万元。各救灾团体在救灾中均体会到，防灾重于救灾。防灾之道，除兴修水利外，莫过于改善农家经济，增强抗灾实力。救灾既告一段落，各地救灾团体便决定联合起来，组成全国性的国际性救济组织（在此之前，北京、天津、济南、开封、太原等地的外籍传教士因办理慈善救济，已分别成立救济团体）。这个组织就是"中国华洋义赈救灾总会"（以下简称"义赈会"）。义赈会于 1921 年 11 月正式成立，推选委员 21 人，其中 11 人为洋人，以传教士为骨干，由美国圣公会的传教士占主导地位。一个防灾组织必须由外籍传教士在领导层中居骨干地位，说明该组织是受外国教会的控制，与外国教会在华的许多活动有关。

义赈会的主要任务是在灾区用以工代赈的方式筑堤、打井、修道路、建水库等；此外还指导农民组织信用合作社，发放农贷。在开展这些活动之前，该会曾从华北及江、浙的 6 所教会办的大学中选派 41 名学生，又有北京大学、北京工业大学、清华学校等校 20 名，合计 61 名学生，在冀、鲁、江、浙、皖 5 省的 240 个农村中进行农村经济调查，并将调查结果编成《中国农村经济研究》一书出版。

关于组织信用合作社，1922 年义赈会拨款 5000 元，先在北京市郊设立"农民借本处"，试行对农民贷款。同年 6 月，河北香河县借基督教福音堂成立农村信用合作社。这是中国最早的农村合作社。自此以后，合作事业在河北稳步发展。1927 年，河北全省有 561 个合作社。至 1935 年底，经义赈会审定认为合格的合作社为 919 个，尚有 1694 个未经审查。20 年代后期到 30 年代前期，是河北合作事业发展的时期。

义赈会为办好合作社，很注意人员的训练。从 1925 年到 1932 年，该会每年都利用农闲时间举行合作讲习会。8 年中听讲人数达 4595 人。此种讲习会，起初由义赈会举办，后由义赈会与合作社合办。20 年代后期起改由各合作社自办，义赈会只从旁协助。合作讲习会改由合作社自办，表明合作事业在河北农村渐渐成熟。

1931 年，长江流域大水，121 县受灾，灾民 250 万。国民政府成立水灾救济委员会，救济分急赈、工赈（以工代赈）、农赈三部分。因义赈会对农赈有经验，水灾救济委员会便将农赈部分委托义赈会办理。义赈会办理农赈是以贷款方式，帮助灾民恢复农业生产。1931 年以前，义赈会只在河北省帮助农民组织农村信用合作社和发放农贷。1932 年接受水灾救济委员会委托后，义赈会的农赈扩展到长江流域。

为了发放农赈贷款和向农民灌输合作思想，帮助农民恢复生产，义赈会在皖、赣、湘三省农村组织带有合作性质的互助社 3000 余个，共发放农赈贷款 160 余万元。后选择组织比较健全的互助社改为合作社。义赈会于 1933 年开始办理湖北省的农赈。

经营农村放款的金融机构

1931 年，长江流域大水，江苏受灾亦重。但江苏的农赈工作没有请义赈会来办，因为此时江苏省农民银行已经成立，该行就是办理本省农业贷款的专业银行。

江苏省农民银行是 1928 年以每亩农田 2 角的"亩捐"为基金成立的。到 1934 年，该行共成立分支行 43 所。在该行扶助下，江苏全省成立了 3000 余个农村合作社，设农业仓库 184 所，仓房 5000 余间，分布于 36 县中，能积贮米谷 100 万石。江苏省农行的业务，归纳起来有：合作社农本放款，为农民提供购买肥料、种子、农具、牲畜等资金；贮押放款，以米、稻、豆、杂粮、豆饼、蚕丝、棉花、布匹、羊皮、农具、耕牛等为抵押品；运销贷款，农民通过合作社将运销的农产品进行押借贷款。江苏省农行是中国第一家发放农业贷款的专业银行。

继江苏省农行之后成立的农业专业银行是"中国农民银行"（简称"中农行"）。该行的前身是"豫鄂皖赣四省农民银行"，成立于 1933 年 4 月，设总行于汉口。该行成立不久，其业务即越出 4 省范围，于 1935 年 4 月更名为"中国农民银行"。其任务为供给农民资金，复兴农村经济，促进农业生产。1937 年总行迁往上海，并在各省交通便捷的县镇设分支行。中农行虽为农业金融的专业银行，但也发行钞票，买卖公债等，所经营的业务与普通商业银行相类。到 1941年，政府才将全国的农业贷款业务划归中农行统一经营。

30 年代从事农业放款的银行，除上述两家农民银行外，尚有多家商业银行。20 年代以前，商业银行向不进入农村。20 年代，百业萧条，集中在城市的游资没有出路，上海商业储蓄银行（以下简称"上海银行"）于 1930 年首先参加义赈会的合作放款，同时又与金陵大学农学院合作，向该校在安徽和县乌江办的合作社放款。商业资本之流入农村，实以上海银行为嚆矢。1933 年，中国银行和金城银行各以 50000 元资金参加义赈会的合作放款，又分别在山东及河北办理农产品抵押放款，其后又有多家商业银行从事合作放款。

1936 年，国民政府实业部以统筹全国农业金融，调整农业产品的名义，设立"农本局"。农本局的资金，半数来自国库，半数向银行筹集。局内设"农产"及"农资"两个机构，前者办理农业仓库，改进农产品的储运；后者普设合作金库，建立合作金融制度，成为国家又一个从事农业放款的单位。

 农业贷款银团和棉花运销合作社

乌江是安徽的棉区，金大曾在那里推广改良棉。为了增加乌江棉农的经济收益，金大又指导棉农组织棉花运销合作社，由上海银行贷款，置备轧花机 2 架，打包机 1 架，棉籽榨油机 1 架。由棉花运销合作社将轧成的皮棉直接卖给无锡的棉纺工厂，每担皮棉售价比棉花商贩收购价高出 3 元至 4 元。

1931 年，上海银行又在湖南向棉花运销合作社放款。此种棉花合作运销，先由湖南棉业试验场厘订轧花运销，同时向上海银行贷款，购置轧花、打包等机械，租赁房屋，雇用人员，于 9 月开始收花，收花价格略高于花行。10 月轧花，11 月将皮棉运销长沙及沪、汉各纱厂。销售所得除去各项支出后，盈余部分，仍分摊给卖花棉农。这些业务全由湖南棉业试验场负责办理。1933 年，湖南的棉花运销合作社成立，该社沿用湖南棉业试验场所定的各项办法经营办理。1932年，中国及金城两银行也在山东及河北举办棉花运销合作贷款。

棉花产销合作贷款，经上海、中国、金城等银行两三年的办理，效果良好。1934 年，中国、交通、上海、金城、浙江兴业及豫鄂皖赣四省农民等六大银行合组"棉花产销合作贷款银团"。陕西是重要产棉省，该银团选定在陕西棉区办理棉花产销合作贷款。先由陕西成立"陕西棉产改进所"，负责指导棉农组织棉花产销合作社，银团向合作社贷款。贷款分棉花生产贷款，每亩 2 元；棉花运销合作贷款，每亩 8 元；此外尚有轧花、打包贷款。

银行界认为棉花产销合作放款安全，棉产改进机关也欢迎银行的棉花产销合作贷款。棉产改进机关以往年年推广棉花良种，总是推而不广，良种栽培面积不能逐年较大幅度地增加。其原因是棉农把籽棉卖给棉花商贩，良种棉籽便混杂散失，无法收集起来利用。现由银团投资轧花厂，把棉农的籽棉汇集起来轧花，良种棉籽不致混杂散失，下一年可以用来扩大推广，这对良种推广十分有利。

1935年，上海银行界将棉花产销合作贷款银行团扩大，由十多家银行组成"中华农业贷款银团"，以上海银行农业部经理邹秉文任团长，集资300万元，在美棉主要产区的冀、豫、陕三省，办理棉花产销合作贷款。银团规定：银团以棉种、肥料等贷给合作社或农民，合作社或农民则必须将收获到的籽棉全部售予或抵押给银团，由银团投资设置的轧花、打包工厂进行轧花、打包，然后送往市场。这样银团掌握了棉花产销的全过程，并从售价中扣出贷款、各项支出及佣金等。银团以雄厚的资金，控制着冀、豫、陕省的棉花，为操纵棉花市场创造了条件。

江苏省不在中华农业贷款银团经营的地区范围之内。江苏省农民银行于1933年采用上述类似的办法在嘉定、盐城、阜宁、如皋等地成立棉花产销合作社。山东省建设厅于1934年将齐东一带划为棉花推广区，推广脱字棉，指导农民组织"美棉产销合作社"153个，介绍向中国银行贷款，设轧花厂经营轧花运销业务。1935年以齐东为出发点，向15个产棉县推行美棉合作组织，成立美棉产销合作社1241个，有棉田27万余亩，推广美棉种籽162万余斤。经过集中轧花，可得2366万余斤改良种棉籽，足供1936

年推广之用。1937 年七七事变后，山东棉区沦为敌占区。

江苏的蚕丝合作社及皖赣等省的茶业合作社

江苏太湖地区，蚕丝业比较发达，该地区的农业产销合作社以蚕业方面为多。

开弦弓是吴江县震泽区的一个自然村，邻接浙西的嘉湖，这里几乎家家养蚕。清末民初以来，由于蚕病流行，养蚕常常失败。1923 年冬，江苏省女蚕校到震泽一带开展改进蚕业推广工作，认为这里的蚕业亟待改进，开弦弓可以作为该校推广科学养蚕、改进制丝技术的试点，乃与震泽丝业公会合办"蚕丝改进社"。1924 年春，女蚕校派师生前往推广改良蚕种，指导蚕农科学养蚕，成绩显著。1925 年，该校又在开弦弓指导蚕农用木制改良丝车缫丝，取代农家原来用的旧式丝车的土法缫丝。

1925 年和 1926 年，女蚕校与震泽丝业公会合办制丝传习所，传授用改良丝车缫丝技术。不过改良丝车所缫丝虽优于土丝，但仍不及机器缫丝厂所制的所谓"厂丝"。

自从有了机器缫丝厂以后，蚕农出售鲜茧渐渐多起来。为了避免蚕农卖茧时被茧商刁难、剥削，江苏女蚕校办的育蚕指导所，提倡蚕农共同售蚕、共同催青、稚蚕共育、共同售茧。而进行这些"共同"的活动，蚕农们就必须联合起来，互相合作。1928 年，国民政府开始提倡农村合作运动，江苏省颁布了"合作社暂行条例"，省农矿厅也在这一年成立了"合作事业指导委员会"，并设立"合作指导人员训练班"，在全省范围内提倡合作运动。于是震泽地方人士和江苏女蚕校决定按照政府规定的合作社条例，将蚕丝改进社发展为制丝合作社，设机器缫丝厂。

经过短时间的酝酿准备，1929 年 1 月"开弦弓生丝精制运销合作社"正式成立，首批社员 400 余户，集资 753 股，每股 20 元，并向江苏省农民银行贷款 50000 余元，筹建机器缫丝厂，该厂于同年 8 月初建成投产。

开弦弓缫丝厂职工，基本上都由生丝精制运销合作社的社员充任，所用原料茧全部向社员收购，按质论价。该厂的体制和经营管理等都为一般丝厂所不及。30 年代初，国内很多丝厂因受世界经济危机的冲击，或停工，或倒闭，开弦弓丝厂却仍有相当盈利。到 1935 年还清了银行贷款，所有投资已全部收回。它的成功为中国农村手工缫丝走上机器缫丝取得了宝贵的经验。该厂于抗日战争爆发后被迫解散。

另一个需要提到的是永泰丝厂办的养蚕合作社。永泰是无锡最大的丝厂。该厂在无锡及镇江办了两处制种场，所制蚕种，以较低价格配发给该厂收茧地方的蚕农饲养，并在这些地方组织养蚕合作社，设立育蚕指导所。种场内附设"养蚕指导员讲习学校"，招收女生，毕业后平时在丝厂或种场工作，蚕期则到各育蚕指导所指导蚕农养蚕。养蚕合作社的社长由社员选举，但必须经永泰丝厂认可。社长为义务职，仅由厂方给予一定的"舟车费"补贴。合作社的技术员、事务员则为有给职，其薪膳由厂方补助。社长总理全社一切事务，技术员按照厂方的要求，指导社员养蚕，事务员掌理社中的庶务、会计等事宜。所以社长、技术员、事务员实际上都是厂方派到养蚕合作社为其办事的雇用人员。

按照规定，社员必须饲育永泰丝厂的种场所制的蚕种。养蚕期间，社员必须绝对服从指导员的技术指导。收茧后必须根据厂社双方订立的售茧规约，将所收鲜茧一次卖给泰丝厂。育蚕指导所的指导员，除指导社员养蚕技术外，兼有监督社员，防止养蚕草率和隐藏蚕茧等职。通过这样的养蚕合作社，永泰丝厂收购的原料茧，不仅茧质优良，而且数量上又有充分保证。

永泰丝厂于 1930 年春在无锡、吴县、宜兴办了 8 个养蚕合作社，同年秋又办了 15 个。1931 年春增至 50 余个，以后仍有增加。但应该指出，永泰丝厂所办的养蚕合作社，各项措施无不以本厂利益为前提，实际上是利用合作社的形式来控制蚕农。这样的措施根本不符合合作社的原则，而这样的养蚕合作社，当时并不是个别的。

如何办好养蚕合作社，20 年代后期，尚在摸索阶段。江苏省农矿厅会同吴县县政府划定该县的光福乡为合作实验区。1928 年，江苏女蚕校在那里指导蚕农改进养蚕技术，效果较好。1929 年，光福合作实验区成立一个养蚕合作社，有 56 户蚕农参加，两年后又成立了 17 个养蚕合作社，有 766 户蚕农参加。这些合作社向江苏省农民银行贷款，办有制种场，每年春秋两季，能制改良种 10000 余张。社员所用的蚕种，都是本社制种所制的。养蚕合作社自办制种场，在当时并不多见。

30 年代，茶叶产区也成立了茶业合作社。

最早的茶业合作社是安徽祁门县的"平里茶叶运销合作社"。它是在祁门茶业改良场提倡和帮助下，于 1932 年组成的，最初有社员 58 人。这年该社共制茶叶 59 箱。1935 年，全国经济委员会又派员到祁门指导茶农组成 16 社，连同平里的共有 19 社，社员 621 人，产制红茶 2789 箱。1936 年增加到 35 社，制茶 7569 箱。1939 年，政府实行茶业统制政策，对茶业合作社进行调整，淘汰了一部分。40 年代又增加到 70 余社，每年制茶 13000 余箱。1939 年安徽屯溪绿茶产区亦兴办了茶业合作社。

江西省于 1936 年开始组织茶叶运销合作社。最初成立 10 社。40 年代初增至 22 社，社员近 7000 人，制茶 18000 余箱，并在婺源（其时因修水离前线太近，茶叶改良场亦从修水移至婺源）设立"茶叶产销合作总站"，设分站于浮梁、修水等地，联合成立了 18 个茶叶精制厂，精制茶叶 18000 余箱。

除安徽、江西外，其余各省的茶业合作社都是抗战期间成立的。例如浙江的平水、平阳、遂安等地，都于 1939 年成立了茶业合作社。这些合作社在茶区的适当地点设置"毛茶集中处"，联合成立茶叶精制厂，由各合作社将所产毛茶汇集到"集中处"，再交由茶叶精制厂加工精制。湖南、福建等省的茶业合作社，也都是 1939 年开始成立的。

茶叶是抗战期间的重要出口物资。后方各省的茶业合作社，实际上都是在中国茶叶公司和贸易委员会会同当地合作事业管理机构的推动支持下成立的。这些合作社的组成，促进了战时后方的茶叶增产。

6　信用合作社

在组织合作社方面，中国最早成立的是信用合作社，为数最多的也是信用合作社。20 年代，信用合作社常占各种合作社总数的 80％ 以上。后来，虽因生产、运销等合作社的数量增加，信用合作社在各种合作社中所占的比重有所下降，但它仍然是最多的一种合作社。经营信用合作社技术上也比经营生产、运销等合作社容易些。

在没有信用合作社之前，农民常为高利贷所困。高利贷利率常在二分以上。农民通过信用合作社从农业金融机构得到的贷款，利率一般为一分二厘上下。所以组织健全的信用合作社确能帮助农民从高利贷中摆脱出来。

不过，过去所办的农村信用合作社，组织上多数都不健全。其主要原因，一方面是农民长期以来困居在闭塞的社会中，文化水平很低，对于合作社的知识十分贫乏。当时农村中的合作社都是在政府派员下乡指导、帮助下组织起来的。许多农民往往是"奉命"加入合作社。也有一些农民只是为借钱方便而加入合作社的。另一方面，地方土豪劣绅拥有很大势力。金融机关为了保证放款的安全，必须结交土豪劣绅，这样合作社便易为地方土劣所把持。因为农业贷款利率低，土劣便利用信用合作社向农贷机构借相当数量的贷款，再用当地的高利率转贷给农民，信用合作社反成了土劣剥削农民的工具。

银行方面考虑到贷款的收回，对把贷款直接贷给农民个人，常有顾虑。例如1931年，中国农民银行在舟山岛的沈家门支行办理"渔业贷款"，放款对象限于取得殷实商人保证的渔民，农民银行贷款给农民亦同样附有这类的条件。可是贫穷的渔民或农民都不可能取得"殷实商人"的保证，这样他们很难获得中农行的贷款。高利贷仍缠缚着他们。

贫困的农民不能找到为他们作保的"殷实商人"，也没有不动产可以用来抵押。他们能作为贷款抵押品的只有自己生产的农产品。30年代初，有些银行开始在乡镇设立仓库，办理储押放款业务。有了抵押的农产品，银行就不再担心到期后不能收回贷款。江苏省农民银行办理仓库业务颇热心，前述该行在江苏36县中设农业仓库184所，就是从事储押放款的。

不过以农产品储押借款，农民所受的剥削与借高利贷相差不大。因为此种借款还时须付一般利息。储押期间农产品不免有虫蛀、鼠伤、腐烂等损失。银行在《储押放款章程》中规定：如遇此等损失，"概与银行无涉"，也就是说全由贷款者承担，而且还有屯储农产品所用的蒲包麻袋等。把这些损耗都计算进去，贷款农民的负担并不算轻。其实储押贷款的性质类似典当，贷款者同样受到相当沉重的剥削。

兴办合作社是近代中国农村建设的一项重要活动。据 1936 年调查，全国有合作社 37318 个，其中大部分是信用合作社。信用合作社已不算少，但据估计，农村信用合作社提供的贷款只占农业信用总额的 1%；得到信用合作社贷款的农民，只占取得农业贷款农民的5%。大量农业贷款，还是来自高利贷者、钱铺、当铺和当地小商号。因为农村太广，农民太穷，尽管从1922 年起就有很多人致力于农村合作事业，办了不少信用合作社，但仍只是杯水车薪。何况很多合作社，又实际在地方土劣的控制之下。看来单纯依靠合作事业来解决农民的穷困是不可能的。

十四　农业推广事业的发展

两类农业推广

农业推广可大致分为两类。一类是农民看到某些新的作物品种、新的农具或新的耕作方法，确比原来的优良，必然争相效法，于是新的品种、新的农具或新的耕作方法便渐渐为农民所接受，逐步被推广。这种推广常常发生于农民彼此交流种田经验的时候，是点点滴滴传开的，但却是千家万户自发地实实在在进行的。这样的推广，在农村中很普遍。古代的农业推广，主要属于这一类。但这样的推广在现代的农业事业中已不占主要地位，我们姑称这类农业推广为农民"自发的农业推广"，以区别于现在一般所说的农业推广。

现在一般所说的农业推广，是指农业机关、学校或群众团体，把农业生产的良种、良法，通过试验、示范等步骤，传授给农民。古代司农机关很少掌握农业生产的良种、良法，所以较少这类农业推广。但也有例外，如史书中记载的北宋大中祥符四年（1011年），真宗赵恒命令官员从福建调运一种耐旱性强、产量较高的"占城稻"30000 斛，到达"江淮两浙"，散发给田土高亢的农家栽种。这次占城稻种的散发，就属于通常所说的农业推广。前面提到的 19 世纪 90 年代湖广总督张之洞两次从美国购运美棉种子，散发给湖北棉农试种，也是此类农业推广。这类农业推广以科研试验为依据，推广前先做充分的宣传示范，推广后做周密的检查总结，是有计划、有步骤进行的。

 抗日战争前的农业推广

从 19 世纪后期到 20 世纪 40 年代末的数十年中，中国的农业推广可以划分为抗日战争前和抗日战争爆发后两个时期。前一时期又可以 1929 年为界，划分为两个阶段。1929 年以前，可说是农业推广的萌芽阶段，1929 年以后是发展阶段。

中国农业推广，最早发动的是引种美棉。最初推广的是从美国买来的棉种，20 世纪 20 年代起才有经过驯化的美棉良种和改良的中棉品种推广。改良蚕种的推广始于 19 世纪末，20 世纪 20 年代开始推广一代杂交种，20 年代中叶后，才有小麦、水稻等良种推广。对此，前面各篇中已略有述及。

最初良种的推广面积都很有限，推广的单位就是选育这些良种的学校。学校为开展推广工作都在校内设置"推广部"。例如金陵大学农林科和广东大学农科都在 1924 年开始设推广部，东南大学农科于 1926 年设推广部，浙江大学农学院于 20 年代后期设推广部。

江苏女蚕校推广改良蚕种较早，1923年已成立推广部。总之，20年代以前，中国的农业推广基本是几所农业学校和少数试验场在进行，推广的面积很少，范围也十分有限。

1929年，国民政府行政院颁布了《农业推广规程》，接着又颁布了与此规程有关的法令细则。同年年底，农矿部设置中央农业推广委员会（以下简称"中央农推会"）。《农业推广规程》的颁布和中央农推会的成立，标志着中国农推事业进入了新的阶段。而在此以前为萌芽阶段，自此以后可说是发展阶段。

按照《农业推广规程》的规定，省、县各级均应成立农业推广机构。最早成立农业推广机构的是江苏省。该省于1928年成立"江苏省农林事业推广委员会"，它比中央农推会还早一年。《农业推广规程》颁布后，江苏省农林事业推广委员会更名为"江苏省农业推广委员会"。这时期不少省都成立了农业推广机构，但机构名称不很一致。

按照1933年行政院颁布的《各省县农业机关调整办法纲要》的规定，经费充足的县农场一律改成县"农业推广所"，经费较少的县农场则作为县办的作物良种繁殖场。1926年以前，各省已有一些县农场，1927年后的数年中，全国又增设200多个县农场。从1933年起，各省县农场符合条件者都改称县农业推广所。尽管这时期各级农业机关，尤其是县农场等经费窘困，不能有多大作为，但整个农业改进工作，此时都有复苏的气象，与北洋政府统治时期的停滞沉闷状态不很相同。

这时期就作物良种的推广来说，推广的范围比以前扩大了。20 年代以前推广良种的作物只有棉、麦两种。30 年代又选出了一些水稻、谷子、高粱、玉米等良种。但当时的作物良种推广仍以棉作为重点。1934年，全国经济委员会成立了"中央棉产改进所"，既从事棉作的科研试验，也致力于棉作的推广。中棉所的成立使棉作的推广得以进一步加强。

蚕业方面，30 年代初，因受世界经济危机的影响，全国蚕丝业突然萎缩。江、浙两省成立了蚕业改进管理机构，实行蚕业统制，挽救蚕丝业的颓势，改进蚕业推广是两省的重要工作。全国经济委员会亦于 1934年成立"蚕丝改良委员会"，帮助山东、安徽、广东、四川等省改进蚕业推广。这时期，家畜家禽等的良种推广亦有发展。所以可以说，20 年代末到抗战开始前夕，是中国农推事业的发展时期。

 ## 风行一时的"乡村建设实验"

20 年代末到抗日战争爆发前农业推广的发展，和这一时期各地开展"乡村建设实验"有着密切的关系。

还在 20 年代后期，许多知识分子鉴于国事凋敝，农村凋敝，而乡村又是国家的基础，认为把乡村建设好了，国家就能富强，所以振兴国家应从乡村建设做起。但是如何从政治、经济、文教、卫生等方面建设乡村，却都没有经验。于是一些热心人士根据自己的设想，择定地点，实地试行，以摸索建设乡村的途径。这就是所谓"乡村建设实验"。

乡村建设实验，20年代中叶以前，只有很少的人在做。20年代后期，尤其是进入30年代后，试行的单位迅速增加。据实业部1934年估计，全国有600多个机关、学校和社会团体，设置了1000多个乡村建设实验单位。下面介绍几个重要的乡村建设实验单位。

乌江农业推广实验区和中央模范农业推广区　乌江是安徽和县的一个乡，距南京不远。1923年，金大农林科前往推广改良棉种，因为未得到农民的信任，散发了500斤改良棉种，播种的只有9户，其余都把棉种废弃了。金大鉴于这次推广的失败，第二年改进推广方法，在乌江租地数十亩，作为示范田。为了便于推广工作的开展，又在乌江办了一所半日制的小学校。棉花收获后，举行植棉展览会，邀请农民参观。会上讲解植棉的科学知识。通过这些措施，渐得农民的信任，农民欢迎推广的改良棉种。自此以后，金大在乌江的推广项目也不再限于棉作一种。

1930年起，金大与中央农推会合作办乌江农业推广实验区，经费比较充裕，推广的项目也随之扩大，包括推广多种作物和家畜家禽良种，提倡经营副业，鼓励植树造林，指导农民组织农会和各种合作社，其中有信用合作社、棉花运销合作社、耕牛保险合作社、养鱼合作社、灌溉合作社，同时还帮助政府建立保甲制度。文娱教育方面，则办有乡村小学一所，民众学校和农民夜校若干所，举行农产品展览会、巡回演讲会、农友茶话会，放映电影幻灯，设立民众图书馆、书报阅览室，编辑出版《农声报》。农村卫生方面，开展清洁卫生运动，设诊疗所，请南京鼓楼医院定期派医师来乌江门诊等。总之推广的项目种类繁多，有的卓有成绩，有的则告失败。

金大在乌江的推广工作，原来只是为科研、教学服务，后来渐渐变成该校乡村建设实验的基地；原来的目标在于改进农业生产，扩大推广内容后，除改进农业外，还从文教、卫生、合作等各方面来建设新农村。抗战爆发后，乌江农业推广实验区解散。

中央模范农业推广区的推广项目大体上和乌江农业推广实验区相类似，但不及乌江的丰富，而更侧重于农业生产的改进方面。中央模范农业推广区也是抗战开始后撤销的。

中华平民教育促进会（简称"平教会"）　第一次世界大战期间，协约国来华招募工人去欧洲做工。华工文化程度低，大多为文盲。为了提高华工的文化水平，基督教青年会派华籍干事晏阳初等从美国到法国，开展识字教育，为华工扫盲。大战结束后，晏等回到北京，在北京基督教青年会领导下，从事平民教育。1923 年，正式成立"平教会"，脱离北京基督教青年会，成为独立的单位。晏阳初任总干事，设总部于北京，在杭州、上海、长沙等地设平民学校。工作地区都在城市。后来他们改变工作方向，于 1926 年划河北定县为平民教育实验区，先以该县翟城一带 62 村为乡村建设实验区，1929 年扩及定县全县，平教会的总部也由北平移至定县。

晏阳初等认为中国乡村的病根归纳起来在于"愚、穷、弱、私"四个方面。可用四大教育来"治疗"这四种病根,即用文艺教育救治"愚",用生计教育救治"穷",用卫生教育救治"弱",用公民教育救治"私"。采用学校、家庭、社会三种方式的教育,来推行四大教育。晏氏这套论说浮于表面现象,当然是片面的,不切合实际甚至是错误的,对此我们不拟评论,这里要说的是它的生计教育,即通过农业推广,改进农业生产。

改进农业生产当然是完全必要的。但是单纯依靠改进农业生产并不能解决农民的穷困。平教会在定县"实验"十年,定县的农家经济非但未能改善,反而随着军阀的黑暗统治和帝国主义的经济侵略而不断恶化。据记载,当时农民种田亏蚀,弃田逃亡者日众,因此地价低落。定县普通有井水可以灌溉的农田,每亩田价由民初 120 元,到 30 年代降至 50 元。普通旱田每亩由 55 元降到 25 元。农村破产,说明平教会的乡村建设实验是失败的。1936 年,该会在定县开办"乡村建设育才院",内设农村教育、农村经济、地方政治、农村卫生和农业生产五个研究所,招收大学毕业生,以培养农村建设人才。

上海职业教育社(简称"职教社") 该社原是推动工职业教育的团体。20 年代初,为了发展农村的职业教育,在社内增设农村教育研究会,研究如何推动和改进农村的教育事业。该社于 1926 年与东南大学合作，在昆山县徐公桥创办"乡村建设试验区"。1928年东南大学退出，此项试验由职教社独力主办。1929年，该社又在镇江黄墟开办乡村建设试验区。1931年，该社分别在吴县善人桥和宁波白沙两地办"乡村改进区"。1932年再在浙江莫干山举办具有乡村建设实验性质的"莫干新村"。他们是从教育入手进行建设乡村实验的。职教社在各地设立的乡村建设试验区、改进区，有的设置农场，有的建立特约农田，用以繁殖、示范、推广作物良种，也推广鸡、猪、羊等良种和改良蚕种及新式农具等。

山东乡村建设研究院（简称"乡建院"）　1928年，军阀韩复榘任河南省政府主席时，梁漱溟等在河南辉县创办村治学院。1930年韩复榘调任山东省政府主席，河南的村治学院停办。1931年，韩邀梁漱溟等到山东办乡村建设院于邹平县，由山东省政府提供经费，划邹平为第一乡建实验县。1934年，设乡建分院于菏泽，并划菏泽为第二乡建实验县，后又划济宁为第三乡建实验县。

乡建院内设研究和训练两部分，前者进行乡村建设理论的研究，招收高等学校毕业者为研究生；后者招收20岁以上、30岁以下有一定文化的青年，训练一年，派往农村，从事乡村实际实验。研究部研究农村经济、农业改良、农业合作、乡村自治、乡村教育等方面的课题，训练部也讲授这些方面的课程，外加党义、现行法令和军事训练等课。

乡建院的活动分政、教、养、卫四个项目。"教"

的方面，该院在邹平、菏泽实验区内成立若干所"乡农学校"，凡年龄在 18 至 50 岁间的农民，一律入学，利用农闲时开学，以 3 个月为一期，向农民灌输旧礼教、旧道德，也讲授浅近的农业科学和农村合作知识。乡农学校分乡学、村学两种，均由地主、绅董以学长、学董等名义把持学校的大权。原来的区公所和乡公所则分别由乡学和村学取代。乡学、村学一方面行使行政职权，同时向农民推行学校式和社会式的教育，实行所谓"政教合一"。

乡农学校亦办理农业推广，改进农业生产，提倡农村合作，以改善农家经济。这是属于"养"的方面。属于"卫"的方面，则是举办乡农自卫训练班，进行军事训练。对于乡建院推行的政、教、养、卫，这里不做过多评论。事实上，"政、教、养、卫"一套在山东并未全面展开。如果说乡建院的"实验"对农民有益的话，那就是"养"的方面，他们推广了作物、家畜、家禽等良种，帮助农民组织棉花产销和养蚕等合作社，这些都是农民所欢迎的。至于其他方面，农民并不感兴趣，只是听凭安排而已。关于山东乡村建设研究院，时任省教育厅长的何思源曾说："乡建运动在山东干了五六年，比较有成绩的是邹平、菏泽等县。梁（漱溟）先生的乡村建设未曾唤起农民、帮助农民，相反的唤起了地主，帮助了地主。"这是对山东乡村建设研究院很切合实际的评价。

江西农村服务区　1934 年全国经济委员会在江西省内办了 6 个农村服务区，次年又增设 4 区，共 10 区。

其任务为推广作物良种，举办农业讲习会，组织育苗保护会、保林会、青年农艺团等，指导农民改进农业生产和组织各种合作社，创设国民学校、农民教育馆、农村医院和农忙托儿所等。这些农村服务区后来改称"农村建设实验区"。

伯南中心模范蚕村　1935 年，广东省曾将该省蚕丝业最发达的顺德县伦教区划为乡村建设中心区，在那里廉价发售优良蚕种，指导蚕农改进栽桑养蚕方法，帮助蚕农组织养蚕丝绸生产运销合作社，购买先进的丝织机器，创办丝织印染示范工厂。同时也致力于改善教育、卫生等。因为它以蚕丝业为中心并有"示范"的意义，所以命名为"中心模范蚕村"。

上述几处是当时乡村建设实验中规模较大的。众多的乡村建设实验单位，有的侧重农业改进方面，有的从农村教育入手，有的以达到乡村自治为目标。旨趣不同，采取的措施亦有有差别。但是因为农业是乡村中最普遍、最根本的生产事业，所以每个乡村建设实验单位都有改进农业生产的项目。当时各地的农业推广和农村合作社很多是乡村建设实验单位进行的。抗战爆发后，沦陷区内的乡村建设实验都停办了，只有极少数几个单位撤退到后方，小规模地继续其乡村建设实验。平教会因有美国教会提供的经费，抗战后期在四川创办了一所"乡村建设学院"。

抗战期间，在政府机关的推动和扶植下，后方各省也开展了一些乡村建设的实验。但规模都很小，不像战前那样兴旺发达。

抗战期间及战后的农业推广

抗战爆发后，农业推广机构有很大变动。原来实业部的中央农推会撤销了。1938 年夏，行政院下设立主管农业推广的"农产促进委员会"。这在前面已经提及。后方各省大多于 40 年代初在农业改进所中设置农业推广单位。1941 年，行政院颁布《县农业推广所组织大纲》后，各省有条件的县都设农业推广所（简称"农推所"）。四川省有 123 个县设农推所。湖南省各县于 1942 年将县的各农业单位合并，成立县农业推广所。广东省各县初设"农业推广工作指导站"，1943年亦改称县农业推广所。其他各省也在这几年中设县农业推广所。抗战胜利后，收复区的一些县也设县农业推广所。据 1948 年统计，全国 2016 个县，其中有586 个县成立农业推广所。

抗战前的农业推广，大教通过保甲组织进行。新设立的农促会，则主张农业推广的基层单位最好是农会。1939 年，政府颁布《全国农业推广实施计划纲要》，规定："县农业推广机关应辅导农民组织健全之乡农会，以建立农业推广下层机构"。

1943 年，政府颁布《农会法》，更规定："农会以发展农村经济，增进农民知识，改善农民生活……并协助政府关于国防及生产政令的实施为宗旨。"规定中说的"发展农村经济，增进农民知识"，即属于农业推广。据 1943 年 3 月统计，后方各省经政府核准的县农会 595 个，乡镇农会 8804 个。又据 1946 年底统计，县农会共 660 个，乡镇农会 7681 个。1946 年的乡镇农会数比 1943 年减少了很多，可能因抗战胜利后的农业推广工作比 40 年代初的几年做得少了。

1940 年，农林部内设"粮食增产委员会"（简称"粮增会"）。稻米是西南各省的主粮。1938 年，西南各省稻米丰收，粮食供应正常。1939 年西南各省粮食收成不如 1938 年。四川省 1939 年的稻谷总产量比 1938 年少收数百万担，而各地来到西南地区的人口却不断增加，粮价上涨，地主绅商又囤积居奇，粮食供应渐趋紧张。粮增会的设立就是为了推动和督导后方各地增产粮食。粮增会也是农业推广性质的单位。农林部内设粮增会，后方各省的各级政府内也都设置了粮食增产的督导机构。

1945 年，粮增会与农促会合并，在农林部下成立中央农业推广委员会。该会与 1929 年成立的中央农推会，彼此间并无继承关系。1948 年，农林部内再度设置粮增会。

"农业推广繁殖站"，也是农林部所设置的一个属于农业推广方面的单位。该部于 1942 年利用分设在各地的国营农场等机构，将其分别改组为农业推广繁殖站。农业推广繁殖站的任务是，协同各省农业改进机关，举办有关农业推广的调查、实验、良种的繁殖等项活动，目的在使各种推广材料得以分区就近提供；同时也协助各省培训推广人员。各站除自行繁殖良种外，也特约农家繁殖良种；除协助各省农业推广机关办理推广工作外，也自行示范推广。

抗战期间，农业推广与战前相比，最根本的变化是推广重点由棉作转移到粮食作物上来。这固然是因为适应战时粮食供应紧张的需要，更因为 30 年代末 40 年代初，中国才育成一些具有丰产优质等特性的粮食作物良种，可供推广。例如"南特号"、"胜利籼"等水稻良种都是 30 年代后期，分别在江西和湖南育成，然后繁殖示范、推广的。中农所育成的"中农 4 号"和"中农 34 号"两个水稻良种，都是 40 年代初才育成推广的。小麦良种如中农所育成的"中农 28 号"也是 1939 年才开始推广的。抗战期间还从国外引进甘薯良种"南瑞苕"和几个马铃薯良种推广。所有这些，前面都已述及。

单就稻、麦两种粮食作物来说，抗战初期，后方各省推广的良种面积估计不到 50000 亩，但据这些省 1943 年的不完全统计，栽培的改良稻种的面积为 550 余万亩，改良麦种的面积为 200 余万亩。这些不完全的统计数字可以说明，抗战期间后方各省粮食作物良种的推广是有成绩的。这时期，棉花良种的推广亦未偏废。例如 1942 年，仅陕西一省就推广"斯字棉"94 万余亩。

总之，八年抗战，后方农产品的供应虽很贫乏，而能支撑到最后胜利，主要当归功于广大农民的辛勤耕作，但农业推广工作者的贡献亦不容抹杀。

《中国史话》总目录

系列名	序号	书名	作者
物质文明系列（10种）	1	农业科技史话	李根蟠
	2	水利史话	郭松义
	3	蚕桑丝绸史话	刘克祥
	4	棉麻纺织史话	刘克祥
	5	火器史话	王育成
	6	造纸史话	张大伟　曹江红
	7	印刷史话	罗仲辉
	8	矿冶史话	唐际根
	9	医学史话	朱建平　黄　健
	10	计量史话	关增建
物化历史系列（28种）	11	长江史话	卫家雄　华林甫
	12	黄河史话	辛德勇
	13	运河史话	付崇兰
	14	长城史话	叶小燕
	15	城市史话	付崇兰
	16	七大古都史话	李遇春　陈良伟
	17	民居建筑史话	白云翔
	18	宫殿建筑史话	杨鸿勋
	19	故宫史话	姜舜源
	20	园林史话	杨鸿勋
	21	圆明园史话	吴伯娅
	22	石窟寺史话	常　青
	23	古塔史话	刘祚臣
	24	寺观史话	陈可畏

系列名	序号	书　名	作　者	
物化历史系列（28种）	25	陵寝史话	刘庆柱	李毓芳
	26	敦煌史话	杨宝玉	
	27	孔庙史话	曲英杰	
	28	甲骨文史话	张利军	
	29	金文史话	杜　勇	周宝宏
	30	石器史话	李宗山	
	31	石刻史话	赵　超	
	32	古玉史话	卢兆荫	
	33	青铜器史话	曹淑芹	殷玮璋
	34	简牍史话	王子今	赵宠亮
	35	陶瓷史话	谢端琚	马文宽
	36	玻璃器史话	安家瑶	
	37	家具史话	李宗山	
	38	文房四宝史话	李雪梅	安久亮
制度、名物与史事沿革系列（20种）	39	中国早期国家史话	王　和	
	40	中华民族史话	陈琳国	陈　群
	41	官制史话	谢保成	
	42	宰相史话	刘晖春	
	43	监察史话	王　正	
	44	科举史话	李尚英	
	45	状元史话	宋元强	
	46	学校史话	樊克政	
	47	书院史话	樊克政	
	48	赋役制度史话	徐东升	

系列名	序号	书名	作者		
制度、名物与史事沿革系列（20种）	49	军制史话	刘昭祥	王晓卫	
	50	兵器史话	杨 毅	杨 泓	
	51	名战史话	黄朴民		
	52	屯田史话	张印栋		
	53	商业史话	吴 慧		
	54	货币史话	刘精诚	李祖德	
	55	宫廷政治史话	任士英		
	56	变法史话	王子今		
	57	和亲史话	宋 超		
	58	海疆开发史话	安﹒京		
交通与交流系列（13种）	59	丝绸之路史话	孟凡人		
	60	海上丝路史话	杜 瑜		
	61	漕运史话	江太新	苏金玉	
	62	驿道史话	王子今		
	63	旅行史话	黄石林		
	64	航海史话	王 杰	李宝民	王 莉
	65	交通工具史话	郑若葵		
	66	中西交流史话	张国刚		
	67	满汉文化交流史话	定宜庄		
	68	汉藏文化交流史话	刘 忠		
	69	蒙藏文化交流史话	丁守璞	杨恩洪	
	70	中日文化交流史话	冯佐哲		
	71	中国阿拉伯文化交流史话	宋 岘		

系列名	序号	书名	作者	
思想学术系列（21种）	72	文明起源史话	杜金鹏 焦天龙	
	73	汉字史话	郭小武	
	74	天文学史话	冯时	
	75	地理学史话	杜瑜	
	76	儒家史话	孙开泰	
	77	法家史话	孙开泰	
	78	兵家史话	王晓卫	
	79	玄学史话	张齐明	
	80	道教史话	王卡	
	81	佛教史话	魏道儒	
	82	中国基督教史话	王美秀	
	83	民间信仰史话	侯杰	
	84	训诂学史话	周信炎	
	85	帛书史话	陈松长	
	86	四书五经史话	黄鸿春	
	87	史学史话	谢保成	
	88	哲学史话	谷方	
	89	方志史话	卫家雄	
	90	考古学史话	朱乃诚	
	91	物理学史话	王冰	
	92	地图史话	朱玲玲	

系列名	序号	书 名	作 者	
文学艺术系列（8种）	93	书法史话	朱守道	
	94	绘画史话	李福顺	
	95	诗歌史话	陶文鹏	
	96	散文史话	郑永晓	
	97	音韵史话	张惠英	
	98	戏曲史话	王卫民	
	99	小说史话	周中明	吴家荣
	100	杂技史话	崔乐泉	
社会风俗系列（13种）	101	宗族史话	冯尔康	阎爱民
	102	家庭史话	张国刚	
	103	婚姻史话	张 涛	项永琴
	104	礼俗史话	王贵民	
	105	节俗史话	韩养民	郭兴文
	106	饮食史话	王仁湘	
	107	饮茶史话	王仁湘	杨焕新
	108	饮酒史话	袁立泽	
	109	服饰史话	赵连赏	
	110	体育史话	崔乐泉	
	111	养生史话	罗时铭	
	112	收藏史话	李雪梅	
	113	丧葬史话	张捷夫	

系列名	序号	书名	作者	
近代政治史系列（28种）	114	鸦片战争史话	朱谐汉	
	115	太平天国史话	张远鹏	
	116	洋务运动史话	丁贤俊	
	117	甲午战争史话	寇 伟	
	118	戊戌维新运动史话	刘悦斌	
	119	义和团史话	卞修跃	
	120	辛亥革命史话	张海鹏	邓红洲
	121	五四运动史话	常丕军	
	122	北洋政府史话	潘 荣	魏又行
	123	国民政府史话	郑则民	
	124	十年内战史话	贾 维	
	125	中华苏维埃史话	杨丽琼	刘 强
	126	西安事变史话	李义彬	
	127	抗日战争史话	荣维木	
	128	陕甘宁边区政府史话	刘东社	刘全娥
	129	解放战争史话	朱宗震	汪朝光
	130	革命根据地史话	马洪武	王明生
	131	中国人民解放军史话	荣维木	
	132	宪政史话	徐辉琪	付建成
	133	工人运动史话	唐玉良	高爱娣
	134	农民运动史话	方之光	龚 云
	135	青年运动史话	郭贵儒	
	136	妇女运动史话	刘 红	刘光永
	137	土地改革史话	董志凯	陈廷煊
	138	买办史话	潘君祥	顾柏荣
	139	四大家族史话	江绍贞	
	140	汪伪政权史话	闻少华	
	141	伪满洲国史话	齐福霖	

系列名	序号	书 名	作 者
近代经济生活系列（17种）	142	人口史话	姜 涛
	143	禁烟史话	王宏斌
	144	海关史话	陈霞飞 蔡渭洲
	145	铁路史话	龚 云
	146	矿业史话	纪 辛
	147	航运史话	张后铨
	148	邮政史话	修晓波
	149	金融史话	陈争平
	150	通货膨胀史话	郑起东
	151	外债史话	陈争平
	152	商会史话	虞和平
	153	农业改进史话	章 楷
	154	民族工业发展史话	徐建生
	155	灾荒史话	刘仰东 夏明方
	156	流民史话	池子华
	157	秘密社会史话	刘才赋
	158	旗人史话	刘小萌
近代中外关系系列（13种）	159	西洋器物传入中国史话	隋元芬
	160	中外不平等条约史话	李育民
	161	开埠史话	杜 语
	162	教案史话	夏春涛
	163	中英关系史话	孙 庆

系列名	序号	书名	作者
近代中外关系系列（13种）	164	中法关系史话	葛夫平
	165	中德关系史话	杜继东
	166	中日关系史话	王建朗
	167	中美关系史话	陶文钊
	168	中俄关系史话	薛衔天
	169	中苏关系史话	黄纪莲
	170	华侨史话	陈　民　任贵祥
	171	华工史话	董丛林
近代精神文化系列（18种）	172	政治思想史话	朱志敏
	173	伦理道德史话	马　勇
	174	启蒙思潮史话	彭平一
	175	三民主义史话	贺　渊
	176	社会主义思潮史话	张　武　张艳国　喻承久
	177	无政府主义思潮史话	汤庭芬
	178	教育史话	朱从兵
	179	大学史话	金以林
	180	留学史话	刘志强　张学继
	181	法制史话	李　力
	182	报刊史话	李仲明
	183	出版史话	刘俐娜
	184	科学技术史话	姜　超

系列名	序号	书 名	作 者
近代精神文化系列（18种）	185	翻译史话	王晓丹
	186	美术史话	龚产兴
	187	音乐史话	梁茂春
	188	电影史话	孙立峰
	189	话剧史话	梁淑安
近代区域文化系列（11种）	190	北京史话	果鸿孝
	191	上海史话	马学强　宋钻友
	192	天津史话	罗澍伟
	193	广州史话	张　苹　张　磊
	194	武汉史话	皮明庥　郑自来
	195	重庆史话	隗瀛涛　沈松平
	196	新疆史话	王建民
	197	西藏史话	徐志民
	198	香港史话	刘蜀永
	199	澳门史话	邓开颂　陆晓敏　杨仁飞
	200	台湾史话	程朝云

《中国史话》主要编辑
出版发行人

总 策 划	谢寿光	王 正	
执行策划	杨 群	徐思彦	宋月华
	梁艳玲	刘晖春	张国春
统 筹	黄 丹	宋淑洁	
设计总监	孙元明		
市场推广	蔡继辉	刘德顺	李丽丽
责任印制	岳 阳